AF564361

PALÉONTOLOGIE
FRANÇAISE.

Paris. — Imprimerie de Cosson, rue Saint-Germain-des-Prés, n° 9.

PALÉONTOLOGIE FRANÇAISE.

DESCRIPTION ZOOLOGIQUE ET GÉOLOGIQUE

DE TOUS

LES ANIMAUX MOLLUSQUES ET RAYONNÉS

FOSSILES DE FRANCE,

PAR ALCIDE D'ORBIGNY,

CHEVALIER DE LA LÉGION-D'HONNEUR FRANÇAISE, OFFICIER DE LA LÉGION-D'HONNEUR BOLIVIENNE, PRÉSIDENT DE LA SOCIÉTÉ GÉOLOGIQUE DE FRANCE, AUTEUR DU VOYAGE DANS L'AMÉRIQUE MÉRIDIONALE, ETC., ETC.,

AVEC

les figures de toutes les espèces, lithographiées d'après nature,

PAR M. J. DELARUE.

TERRAINS CRÉTACÉS.

ATLAS.

TOME DEUXIÈME,

CONTENANT LES GASTÉROPODES.

(De la planche 149 à 236 bis)

A PARIS,

CHEZ ARTHUS BERTRAND, LIBRAIRE-ÉDITEUR,

Rue Hautefeuille, n° 23.

1842—1843

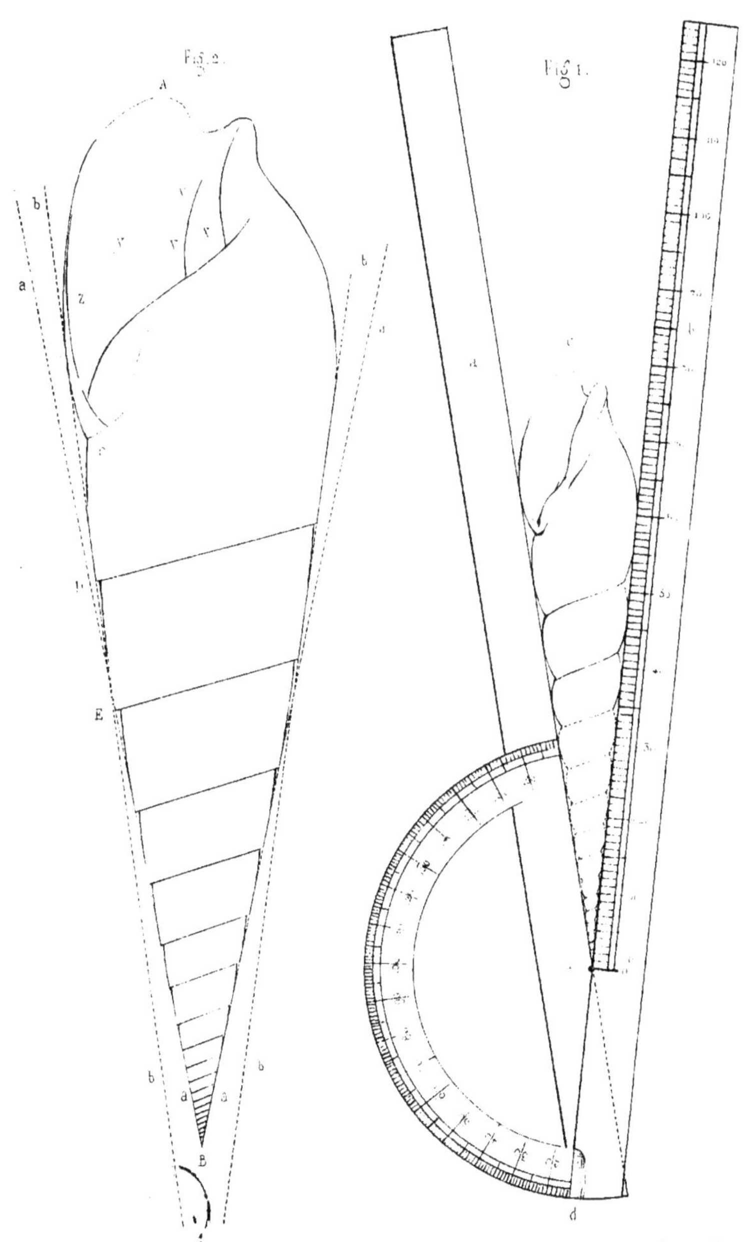

J. Delarue lith.

Gasteropodes généralités

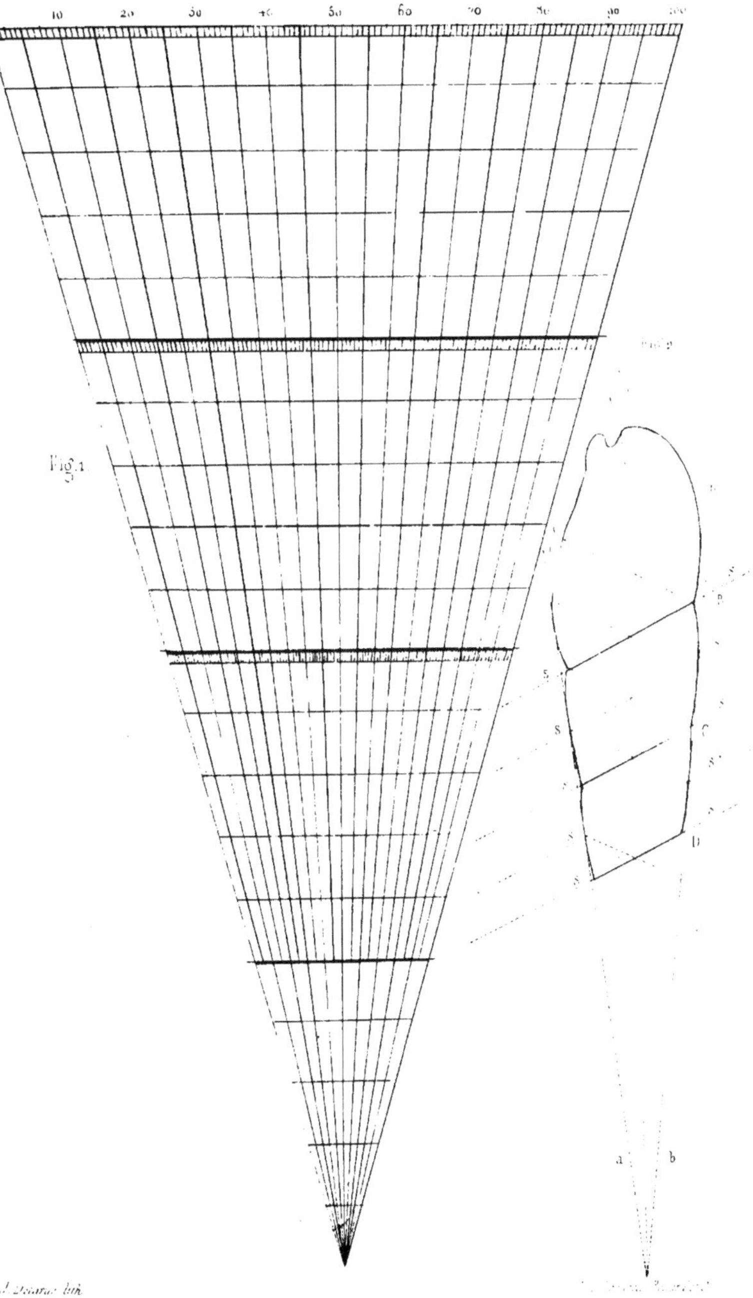

J. Delarue lith.

Gastéropodes généralités.

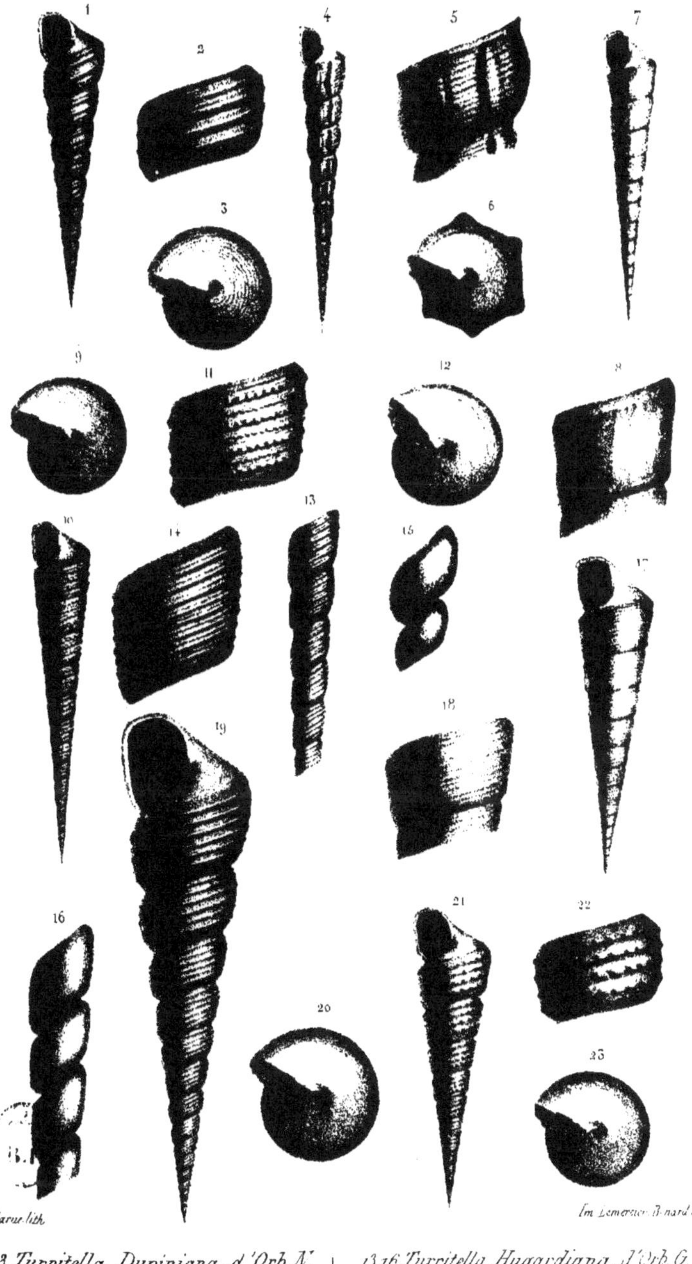

J. Delarue lith. Im. Lemercier, Benard et C.

1.3. *Turritella Dupiniana*, d'Orb. N.
4.6. *T. — angulata*, d'Orb. N.
7.9. *T. — lævigata*, Leymerie. N.
10.12. *T. — Vibrayeana*, d'Orb. G.
13.16. *Turritella Hugardiana*, d'Orb. G.
17.18. *T. — Rauliniana*, d'Orb. G.
19.20. *T. — Difficilis* d'Orb. C.C.
21.23. *T. — Uchauxiana* d'Orb. C.C.

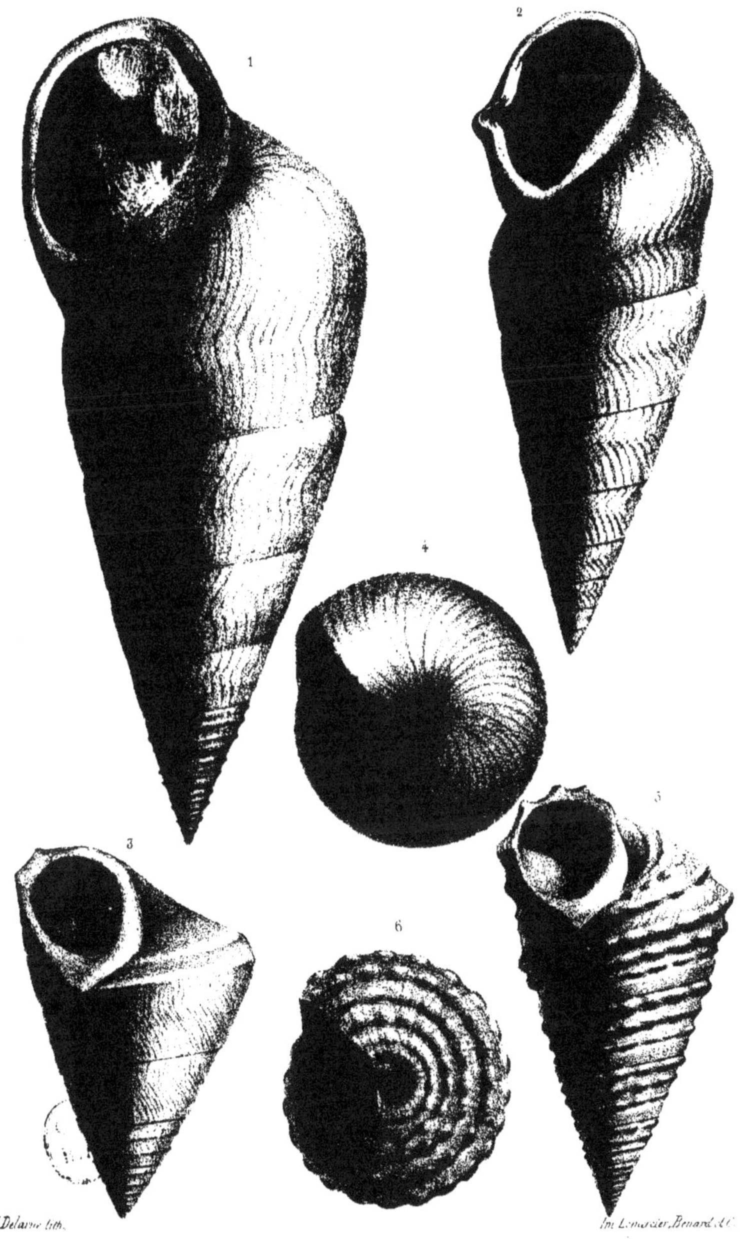

J. Delarue lith. Im. Lemercier, Benard & C.

1. 4. *Turritella Renauxiana*, d'Orb. C.C.
5. 6. *T.* ——— *Requieniana*, d'Orb. C.C.

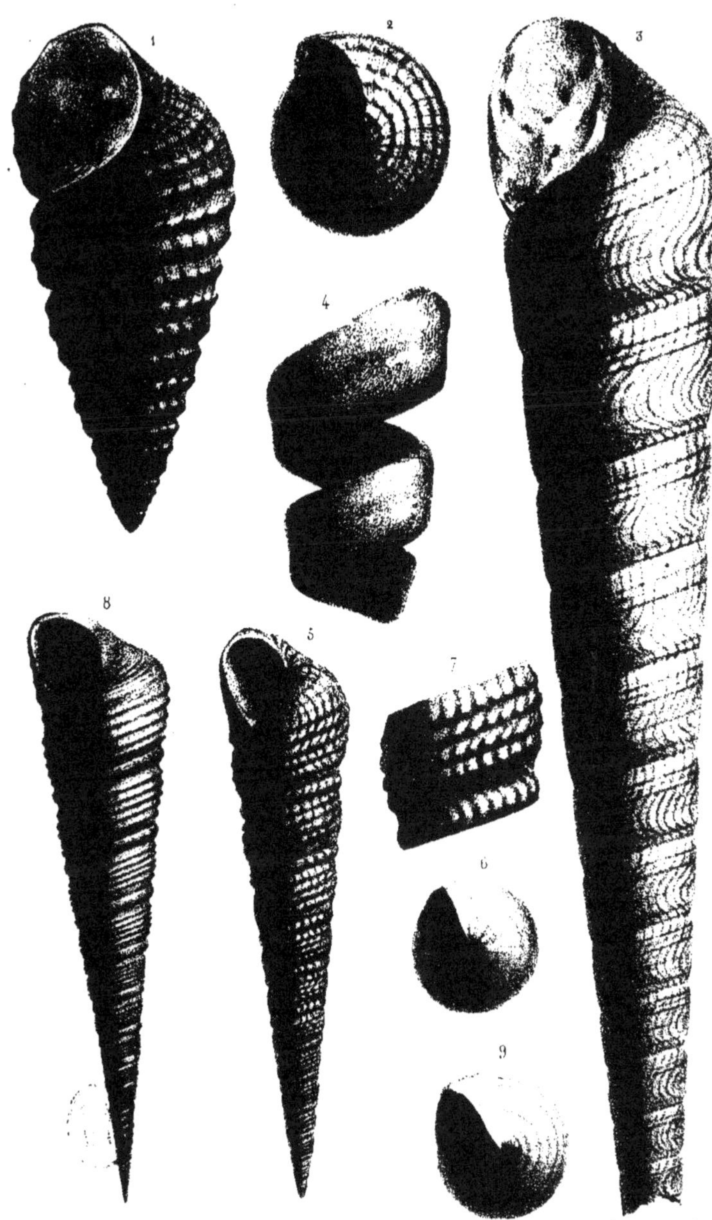

T. Delarue lith. Imp. Lemercier, Benard

1.2. Turritella Coquandiana, d'Orb. C.C.
3.4. T. ——— Bauga, d'Orb. C.C.
5.7. T. ——— granulata Sowerby. C.C.
8.9. T. ——— Verneuiliana d'Orb. C.C.

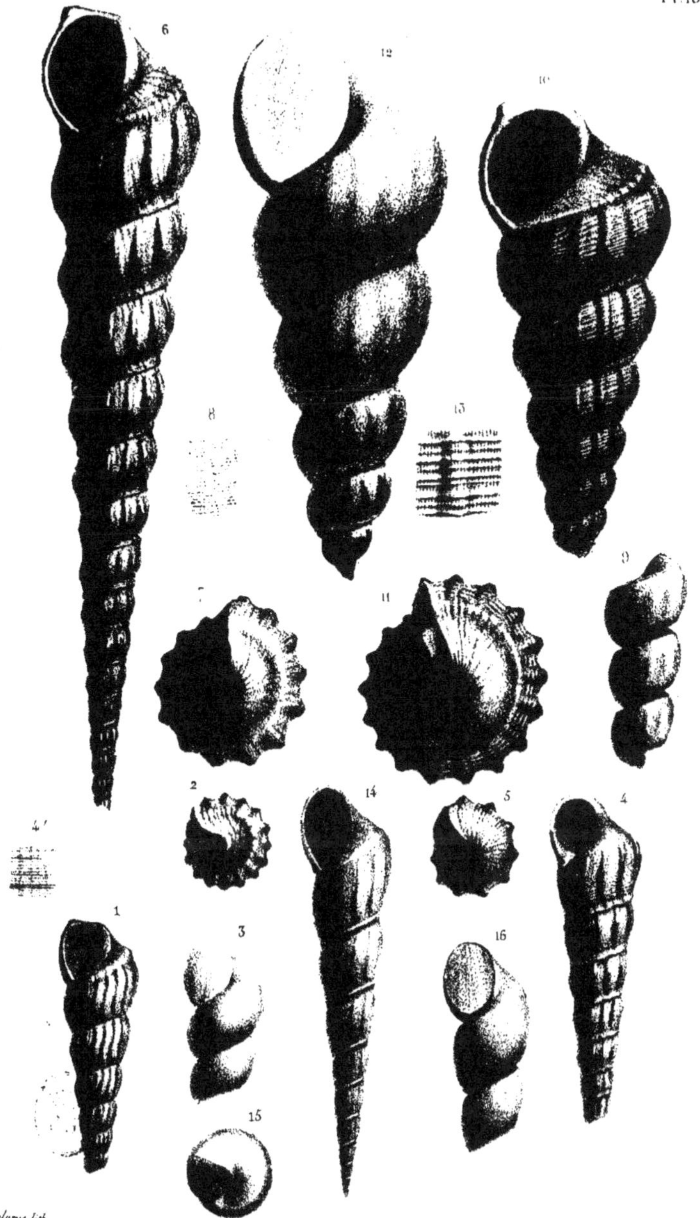

J. Delarue lith. Im. Lemercier, Benard et C.

1.3. *Scalaria canaliculata*, d'Orb. N.
4.5. *S. —— albensis*, d'Orb. N.
6.9. *S. —— Clementina*, d'Orb. G.
10.13. *S. —— Dupiniana*, d'Orb. G.
14.16. *S. —— gaultina*, d'Orb. G.

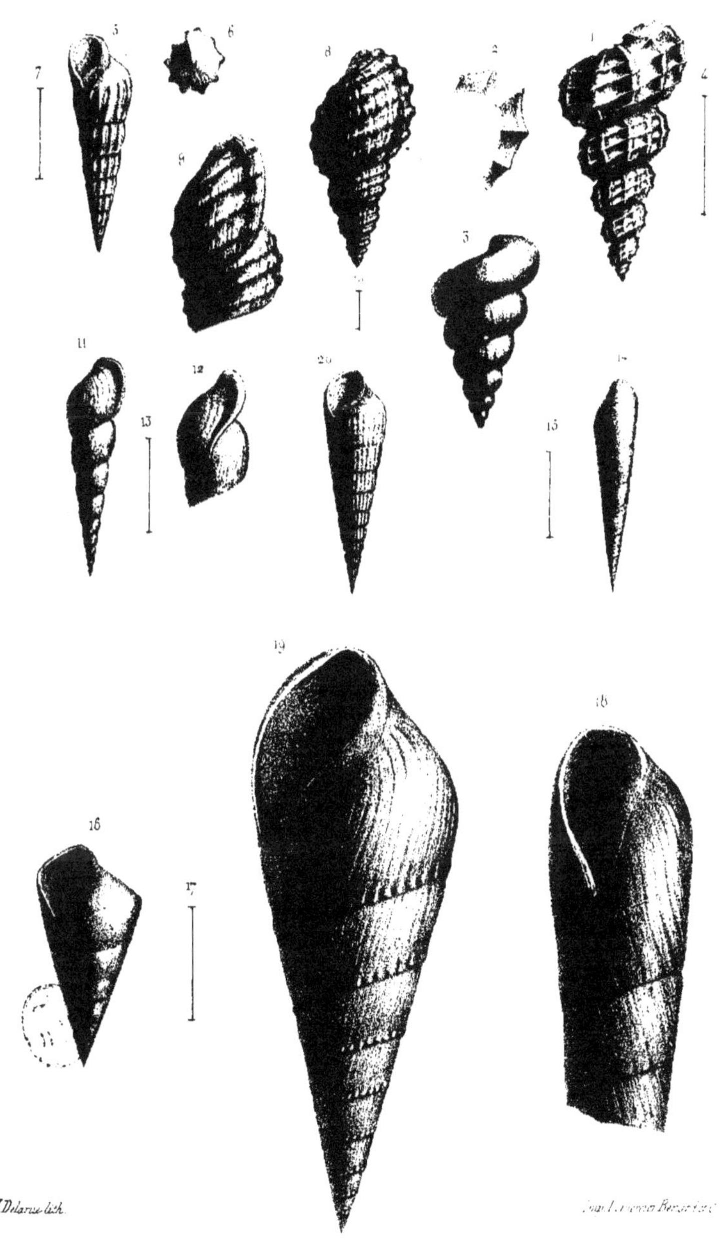

J. Delarue lith.

1.4. *Scalaria Rauliniana*, d'Orb. G.
5.7. *S.* —— *Gastina*, d'Orb. G.
8.10. *Rissoa Dupiniana*, d'Orb. G.
11.13. *Rissoina incerta*, d'Orb. G.

14.15. *Eulima albensis*, d'Orb. N.
16.17. *E.* —— *melanoides*, Deshayes N.
18. *E.* —— *Requieniana*, d'Orb. C.C.
19. *Chemnitzia Pailletteana*, d'Orb. C.C.
20. *C.* —— *mosensis*, d'Orb. C.C.

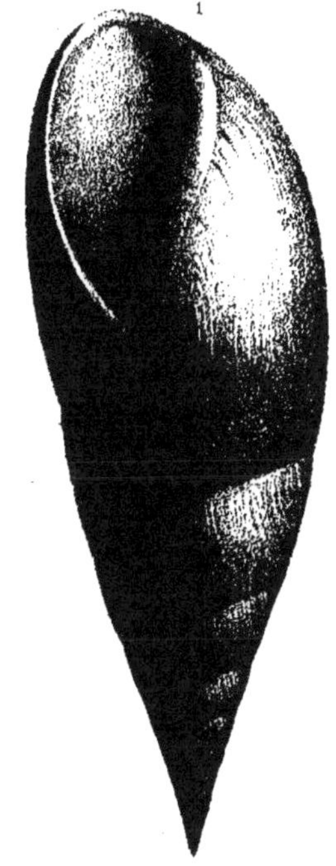

1

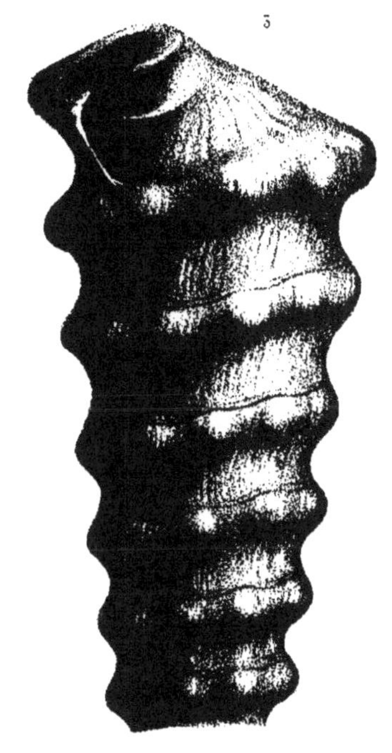

3

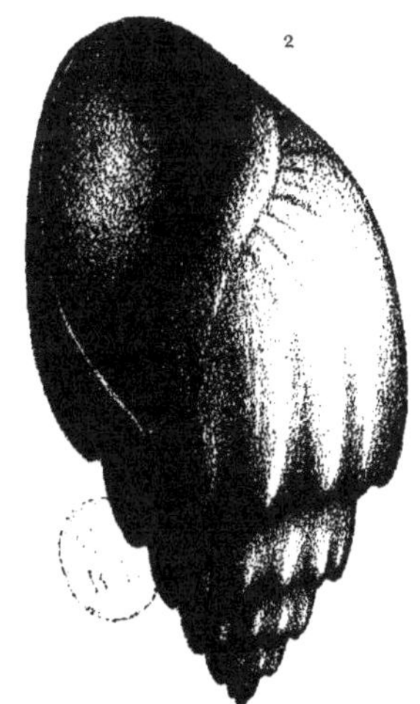

2

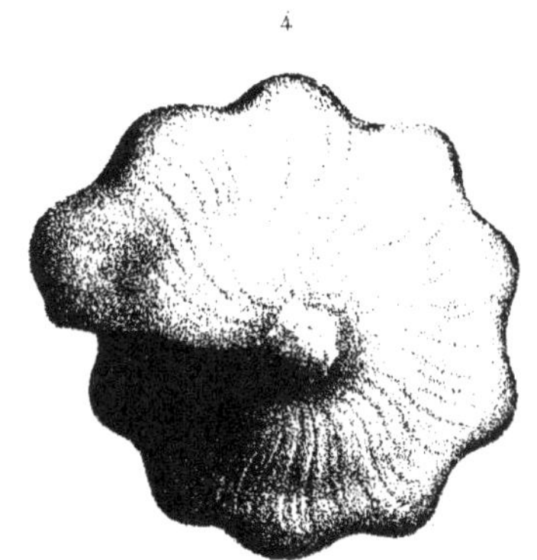

4

J. Delarue lith. Imp. Lemercier Bénard et C.

1. *Eulima amphora, d'Orb. C.C.*
2. *Chemnitzia inflata, d'Orb. C.C.*
3. 4. *Nerinea Coquandiana, d'Orb. N.*

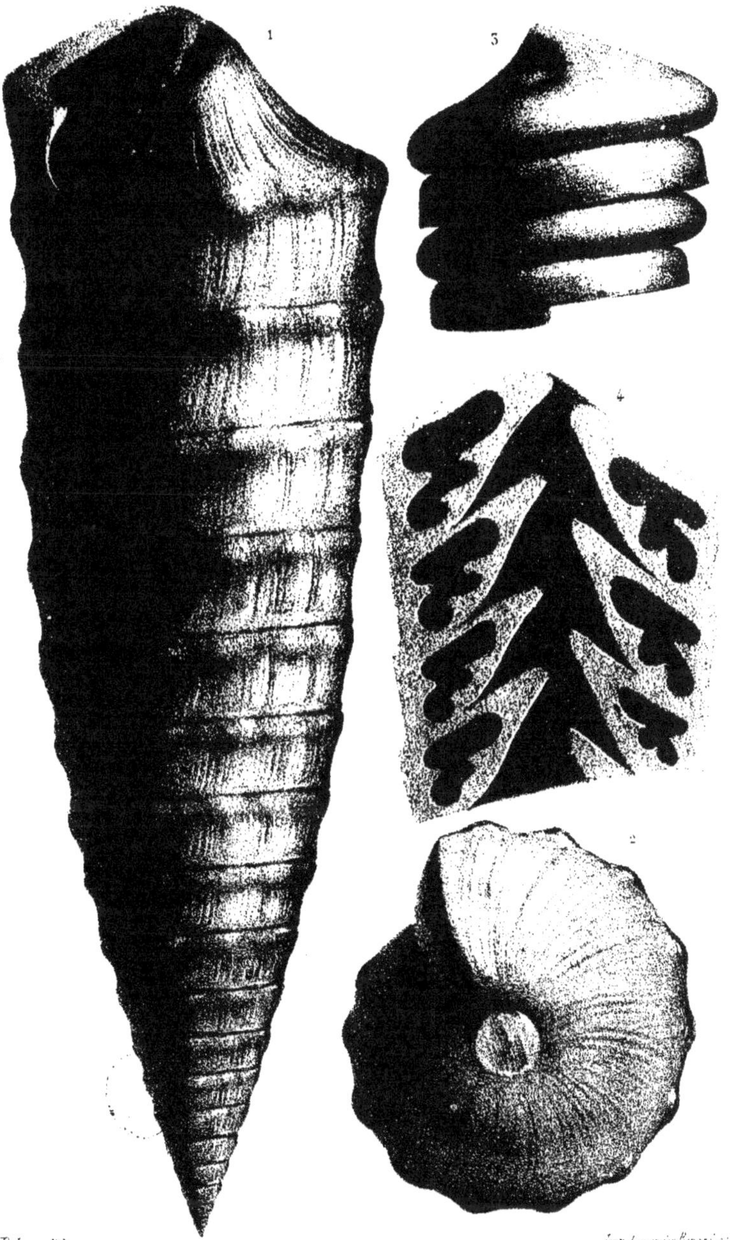

J. Delarue lith.

Imp. Lemercier Benard et C.

Nerinea Renauxiana, d'Orb. N.

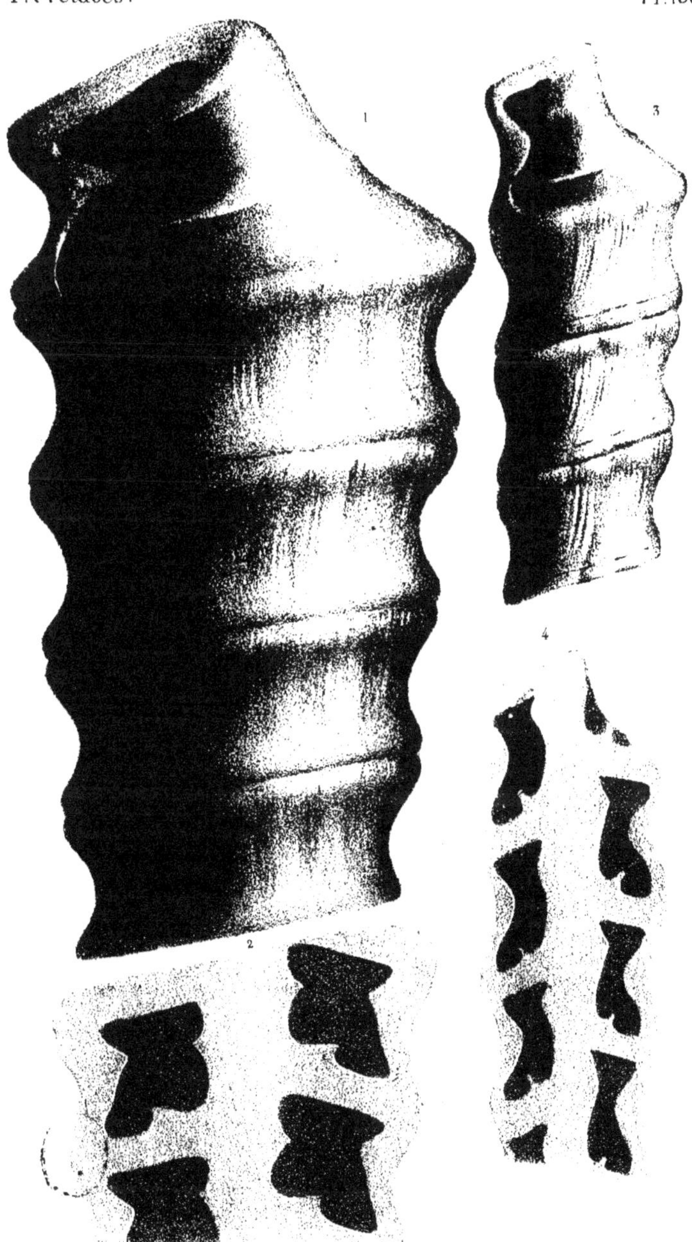

J. Delarue lith. Imp. Lemercier, Benard et Cie.

1.2. Nerinea gigantea d'hombre-Firmas, N.
3.4. N. ——— Archimedi, d'Orb. N.

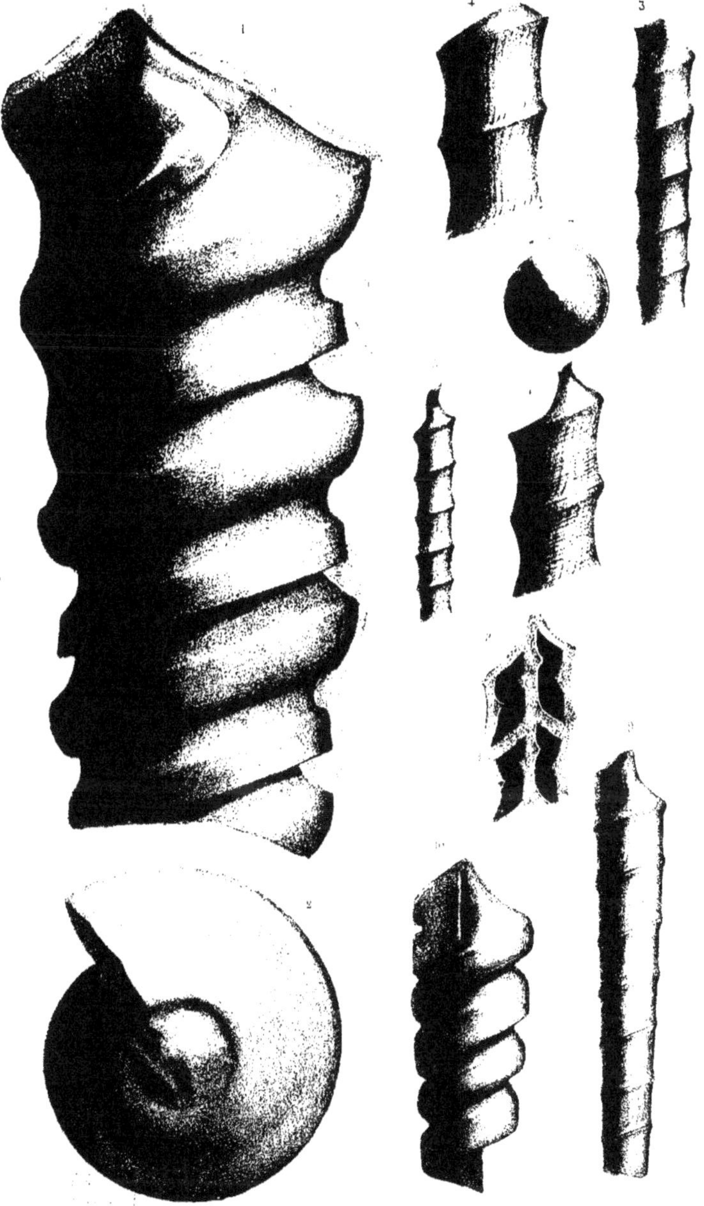

J. Delarue lith. Imp. Lemercier, Bénard et C.

1. 2. *Narinea Chamouseti*, d'Orb. N.
3. 4. *N.* ——— *Royeriana*, d'Orb. N.
5. 8. *N.* ——— *Dupiniana*, d'Orb. N.
9. 10. *N.* ——— *Matronensis*, d'Orb. N.

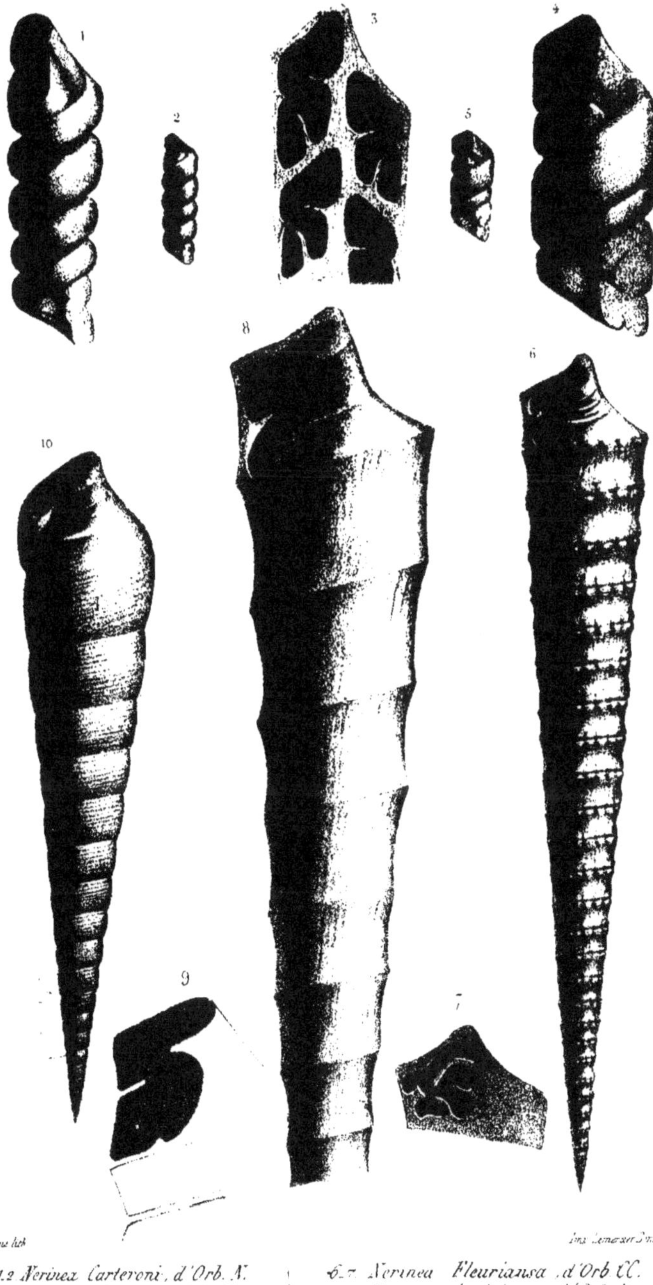

J. Delarue lith. Imp. Lemercier Bénard & C.

1.2 *Nerinea Carteroni, d'Orb. N.*
3. *N. ____ lobata, d'Orb. N.*
4.5. *N. ____ bifurcata, d'Orb. N.*

6.7 *Nerinea Fleuriansa, d'Orb. CC.*
8.9 *N. ____ Annisiana, d'Orb. CC.*
10 *N. ____ regularis, d'Orb. CC.*

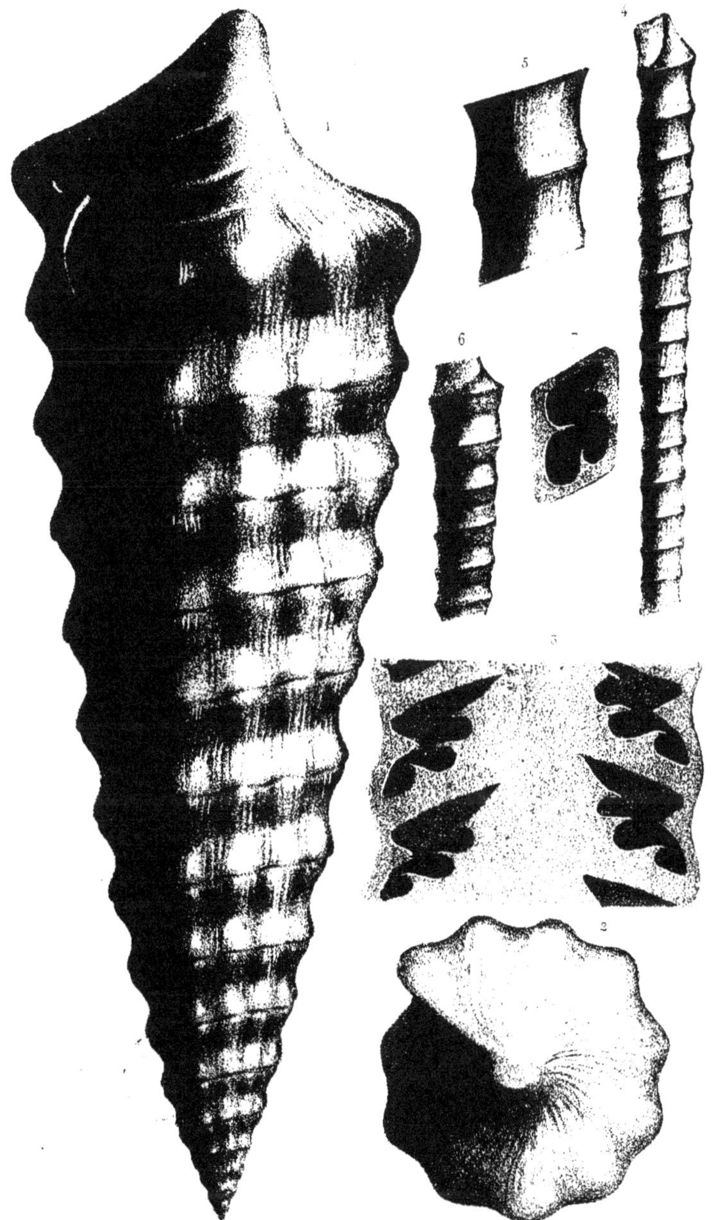

J. Delarue lith.　　Imp. Lemercier Benard et C.

1-3. *Nerinea Pailletteana*, d'Orb. CC.
4-5 *N. pulchella*, d'Orb. CC.
6-7. *N. pauperata* d'Orb. CC.

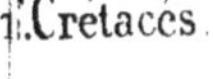

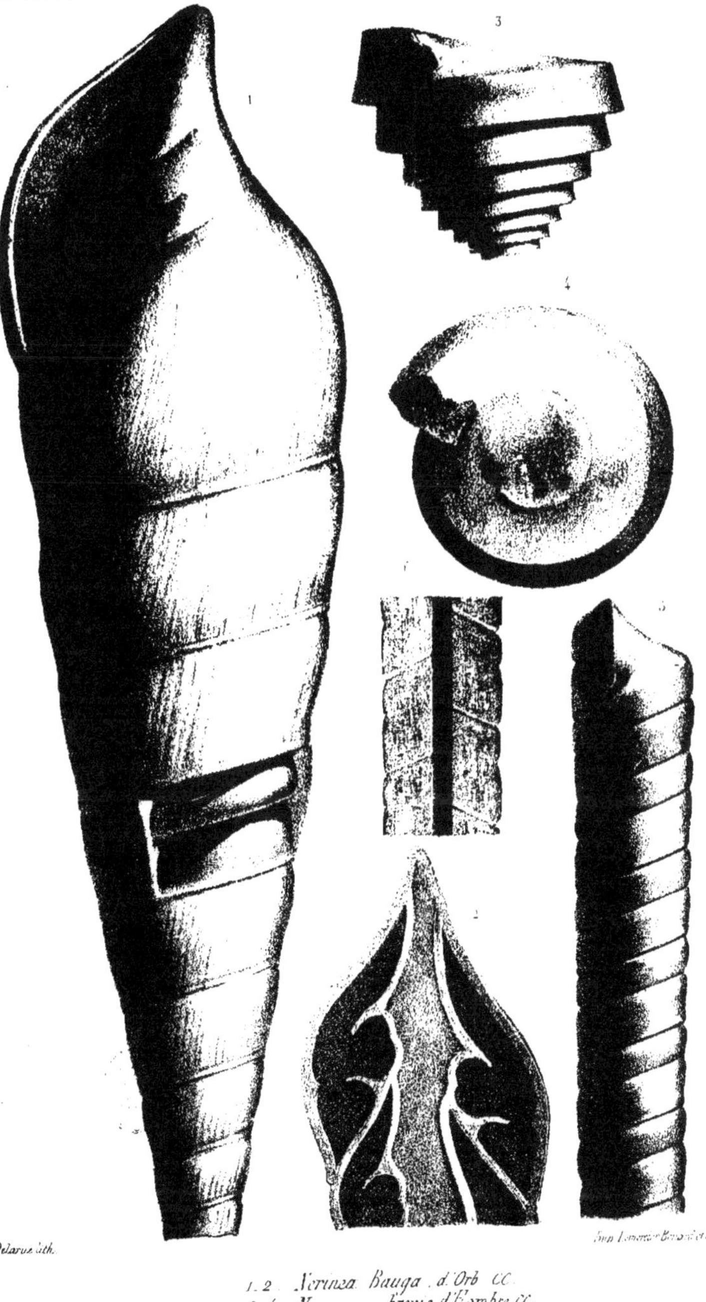

J. Delarue lith. — Imp. Lemercier Bénard et Cie

1_2. Nerinea Bauga. d'Orb. CC.
3_4. N. ——— brevis. d'Hombre CC.
5_6. N. — subæqualis. d'Orb. CC.

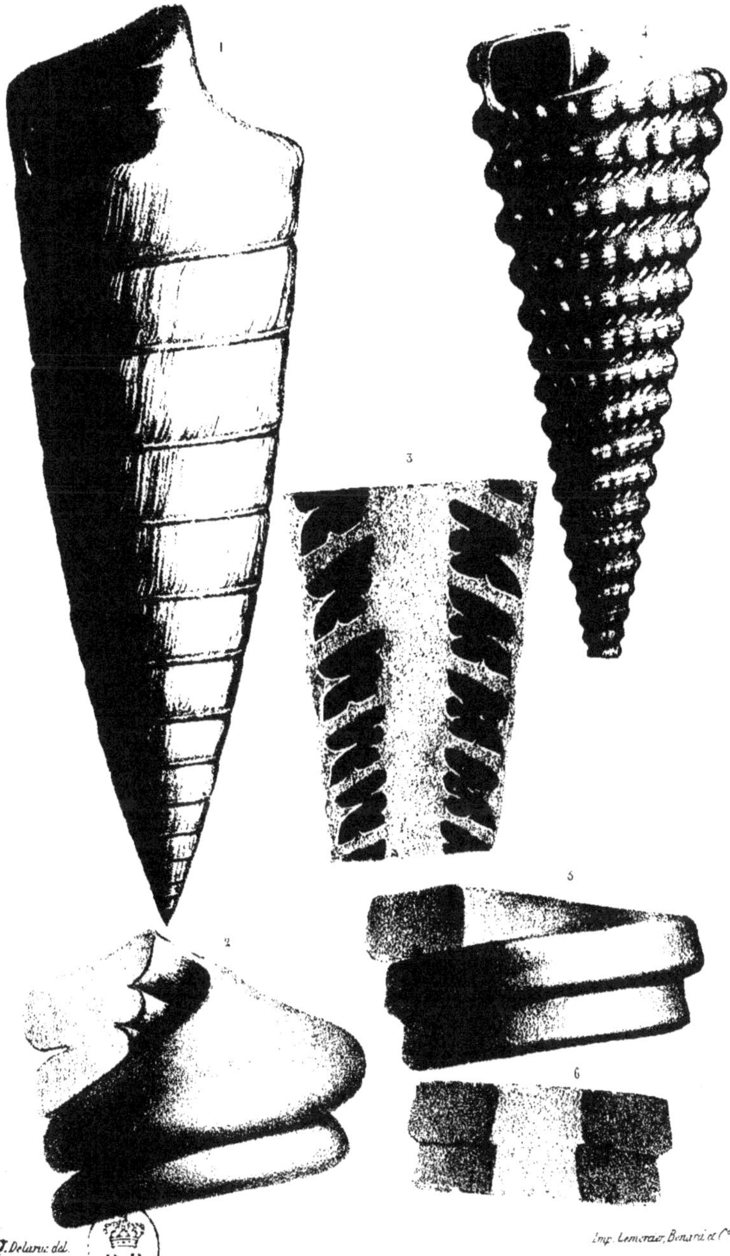

J. Delarue del. Imp. Lemercier, Benard et Cie

1.3. *Nerinea Requieniana, d'Orb. CC.*
4.6. *N. —— monilifera, d'Orb. CC.*

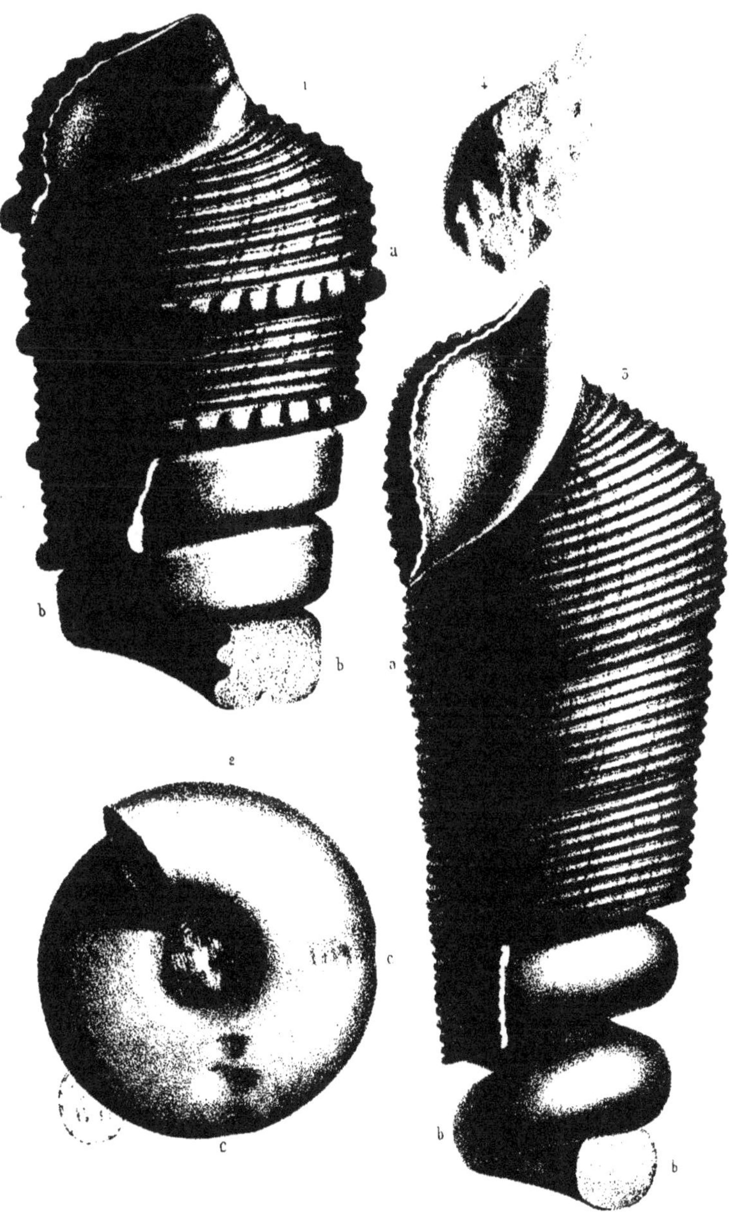

J. Delarue del. Im. Lemercier, Benard et C.

1.2. Nerinea Marrotiana, d'Orb CC.
3.4. N.___ perigordina, d'Orb CC.

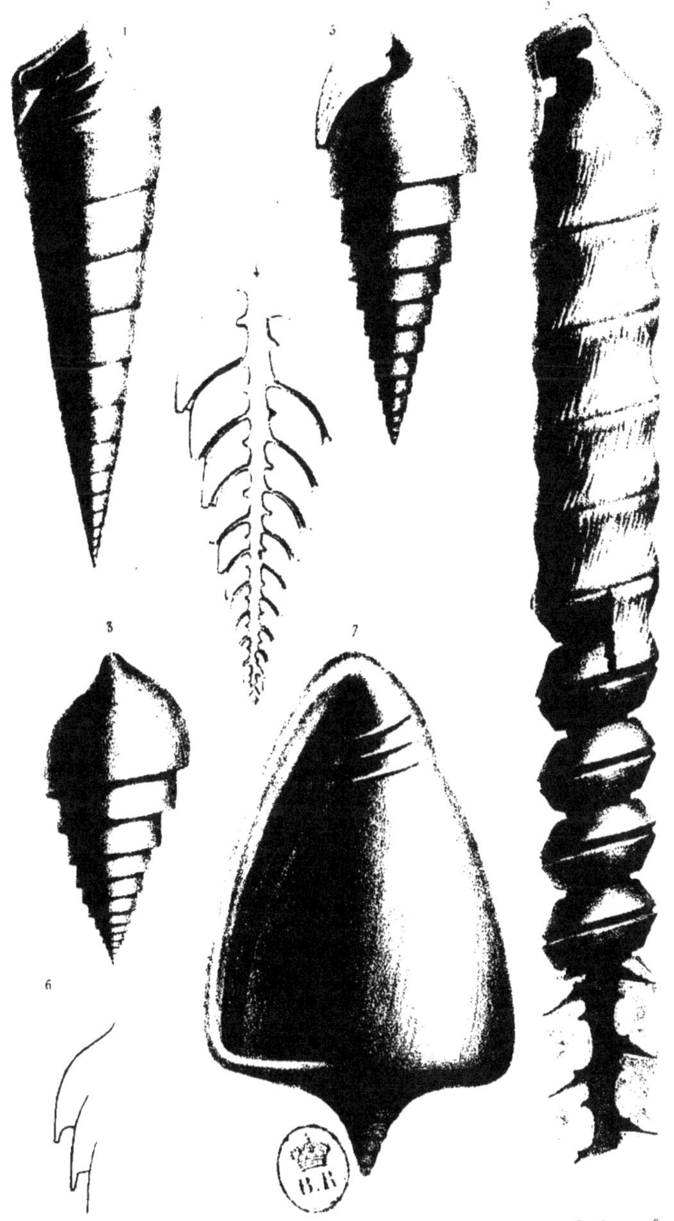

J. Delarue del.

Imp. L...

1. Nerinea uchauxiana, d'Orb. CC.
2. N_____ Espaillaciana, d'Orb. CC.
3.6. Pyrimidella canaliculata, d'Orb. CC.
7.8. Acteonella, Renauxiana, d'Orb. CC.

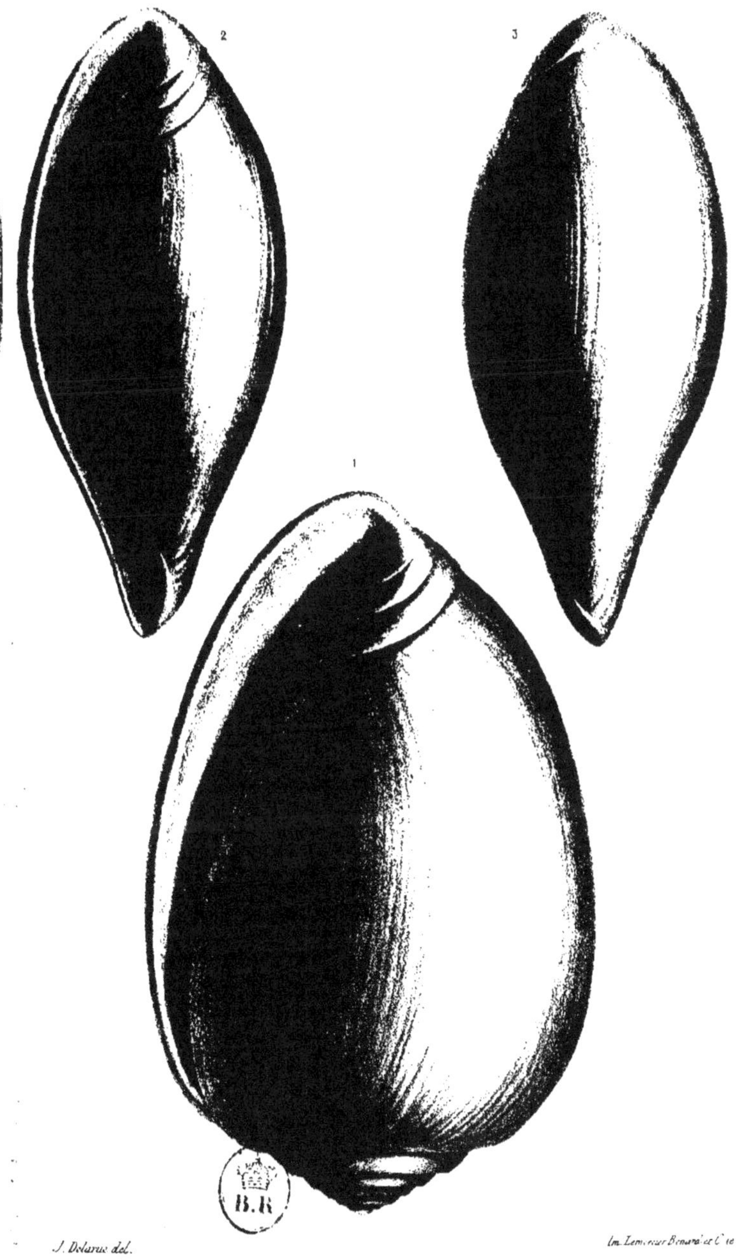

J. Delarue del. Im. Lemercier Benard et Cie

1. *Acteonella gigantea*, d'Orb. CC.
2.3. *A.———— lævis*, d'Orb. CC.

J. Delarue del. Imp. Lemercier Bénard et Cie

Acteonnella crassa d'Orb. CC.

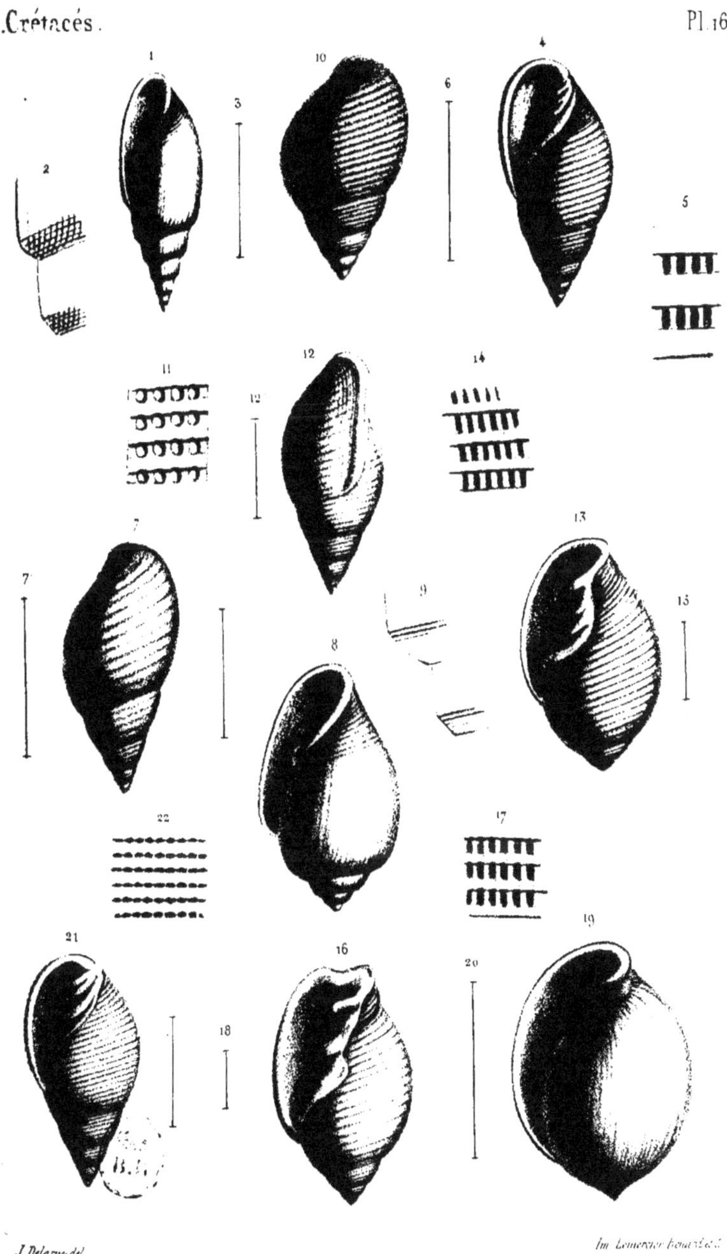

J. Delarue del. Im. Lemercier Benard et C.

1.3 *Acteon Dupiniana*, d'Orb. N.
4.6. *A.* __ *affinis*, d'Orb. N.
7. *A.* __ *Astieriana*, d'Orb. N.
8.9. *A.* __ *marginata*, d'Orb. N.
10.12. *A.* __ *albensis*, d'Orb. N.
13.15. *A.* __ *ringens*, d'Orb. N.
16.18. *A.* __ *Vibrayeana*, d'Orb. G.
19. *A.* __ *Ovum*, d'Orb. C.C.
22.23. *Ringinella lacryma*, d'Orb. G.

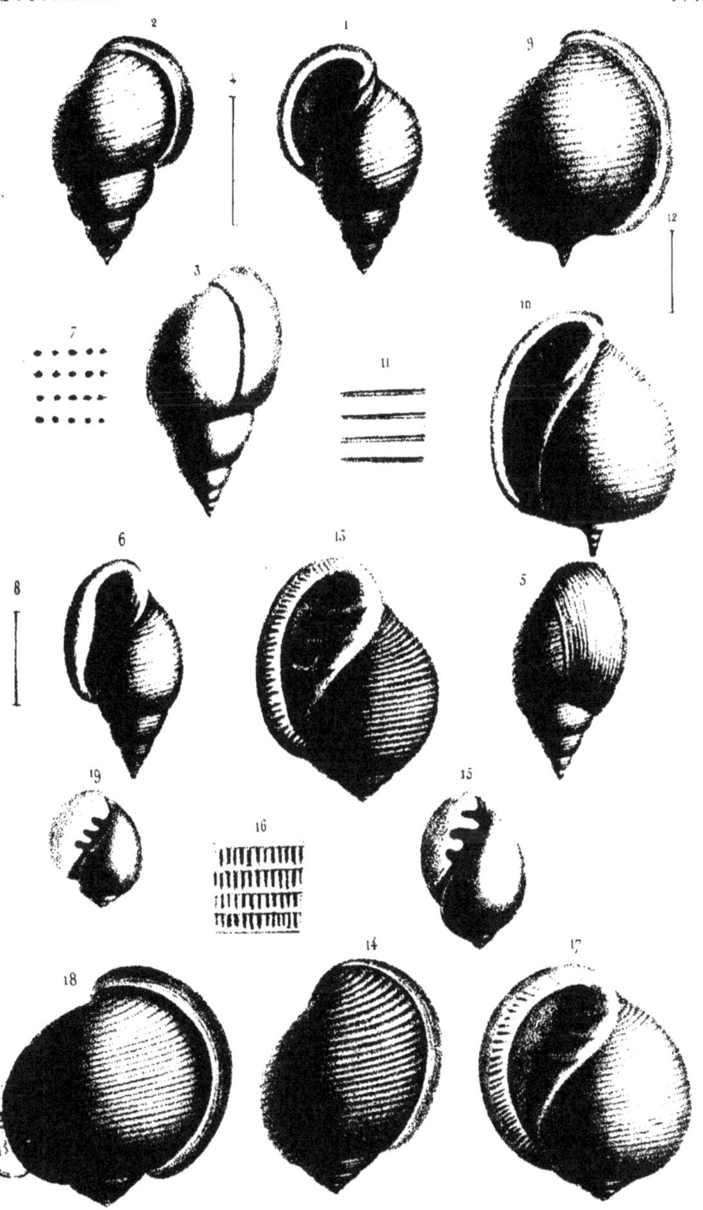

Delarue del. Imp. Lemercier Benard et C.

1.4. Ringenella inflata, d'Orb. G.
5.8. R.____ Clementina, d'Orb. G.
9.12. Avellana globulosa, d'Orb. N.
13.16. A.____ incrassata, d'Orb. G.
17.19. A.____ Hugardiana, d'Orb. G.

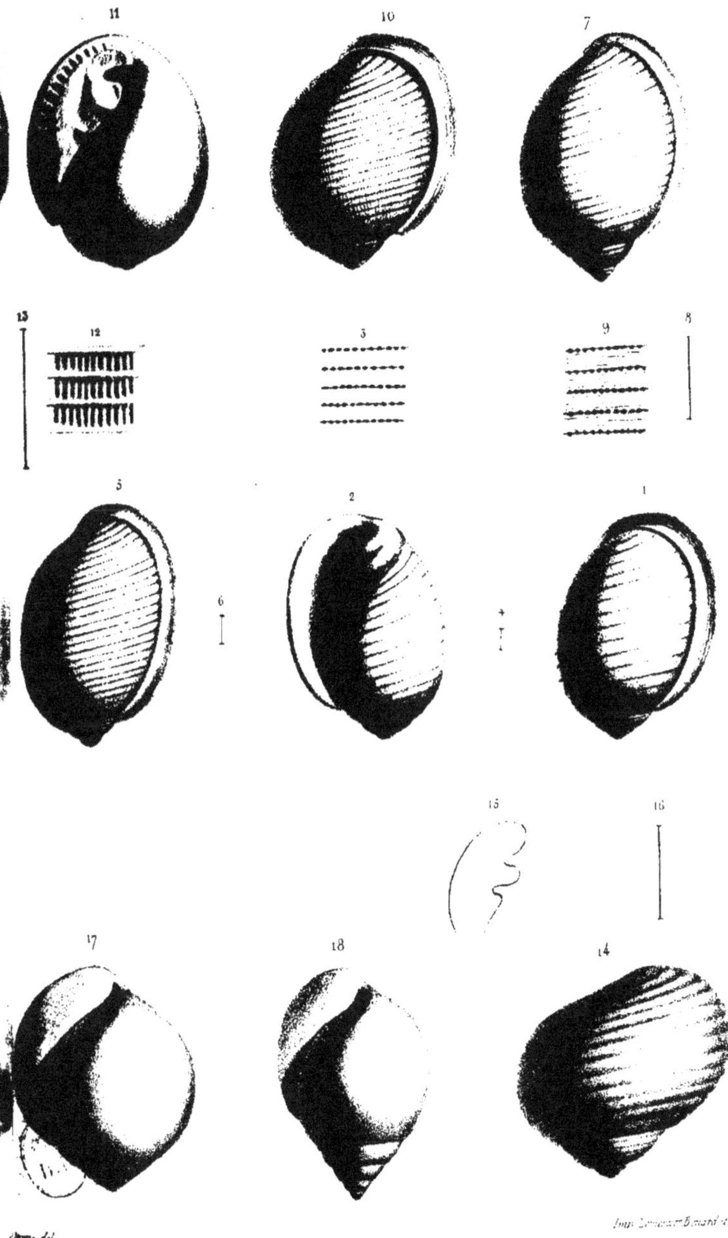

…del. Imp. Lemercier Bénard et C.

1.4. Avellana Dupiniana, d'Orb. G.
5.6. A. —— ovula, d'Orb. G.
7.9. A. —— Archiaciana, d'Orb. C.C.
10.13. A. —— Cassis, d'Orb. C.C.
14.16. A. —— royana, d'Orb. C.C.
17. Globiconcha rotundata, d'Orb. C.C.
18. G. —— Fleuriausa, d'Orb. C.C.

T. Delarue del. Imp. Lemercier Benard et C.

1.2. *Globiconcha Marrotiana* d'Orb. C.C.
3. *G.* ——— *ovula*, d'Orb. C.C.
4.6. *Natica lævigata*, d'Orb. N.
7.8. *N.* ——— *Cornueliana*, d'Orb. N.

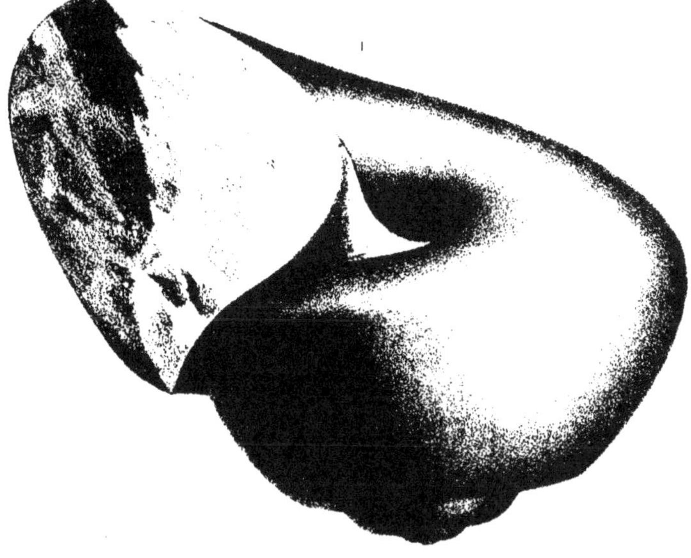

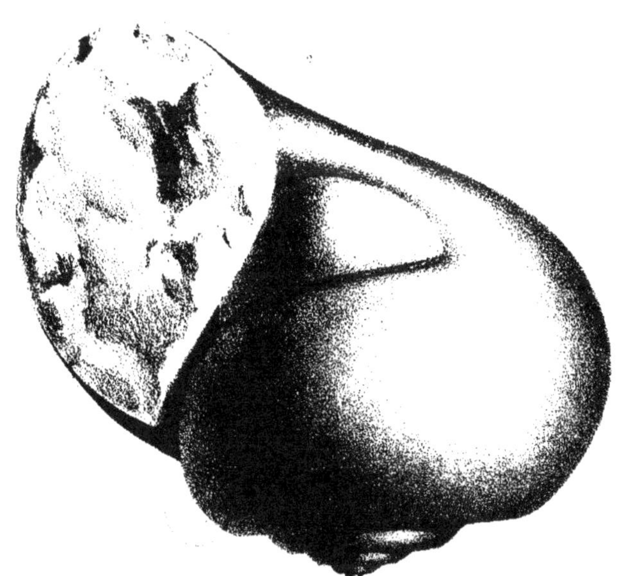

1. Natica coquandiana, d'Orb. N.
2. N. — Hugardiana, d'Orb. N.

1. Natica prolonga, Desh. N.
2. 3. N. — bulimoides, d'Orb. N.
4. N. — Clementina, d'Orb. G.
5. N. — lyrata, Sowerby. C.C.

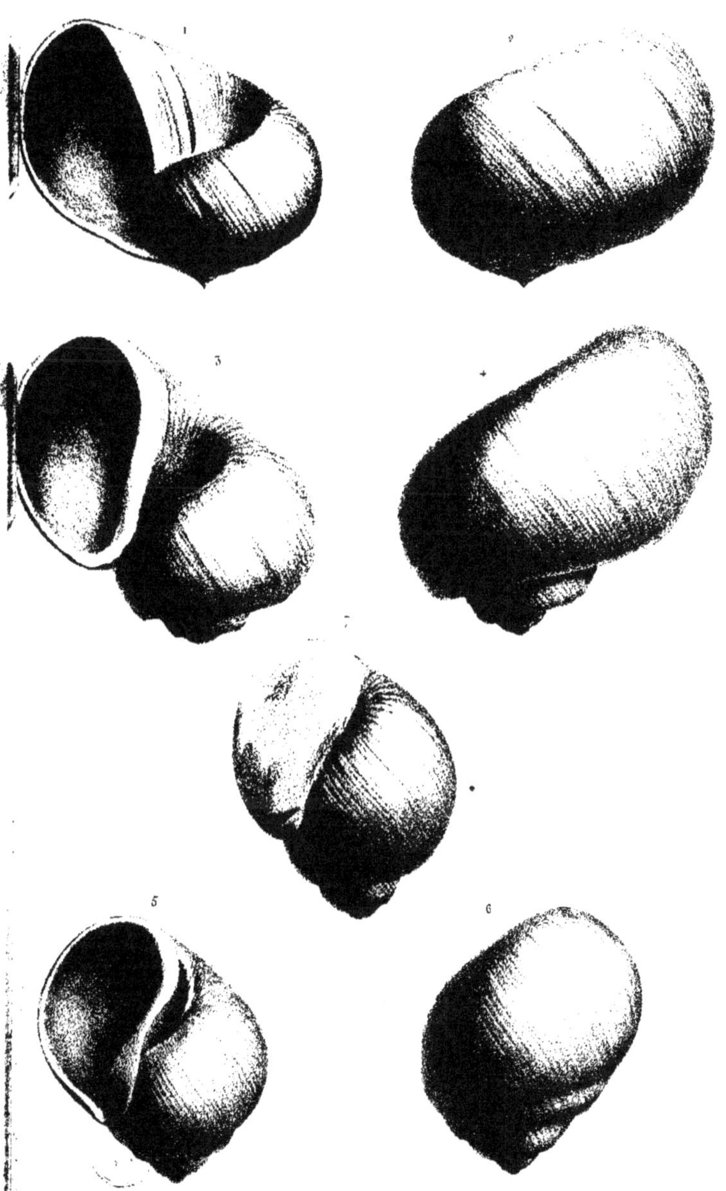

Delarue del. Imp. Lemercier, Bénard et C.

1.2. *Natica excavata*, Michelin. G.
3.4. N.___ *Gaultina*, d'Orb. G.
5.6. N.___ *Dupinii*. Leym. G.
7. N.___ *ervyna*, d'Orb. G.

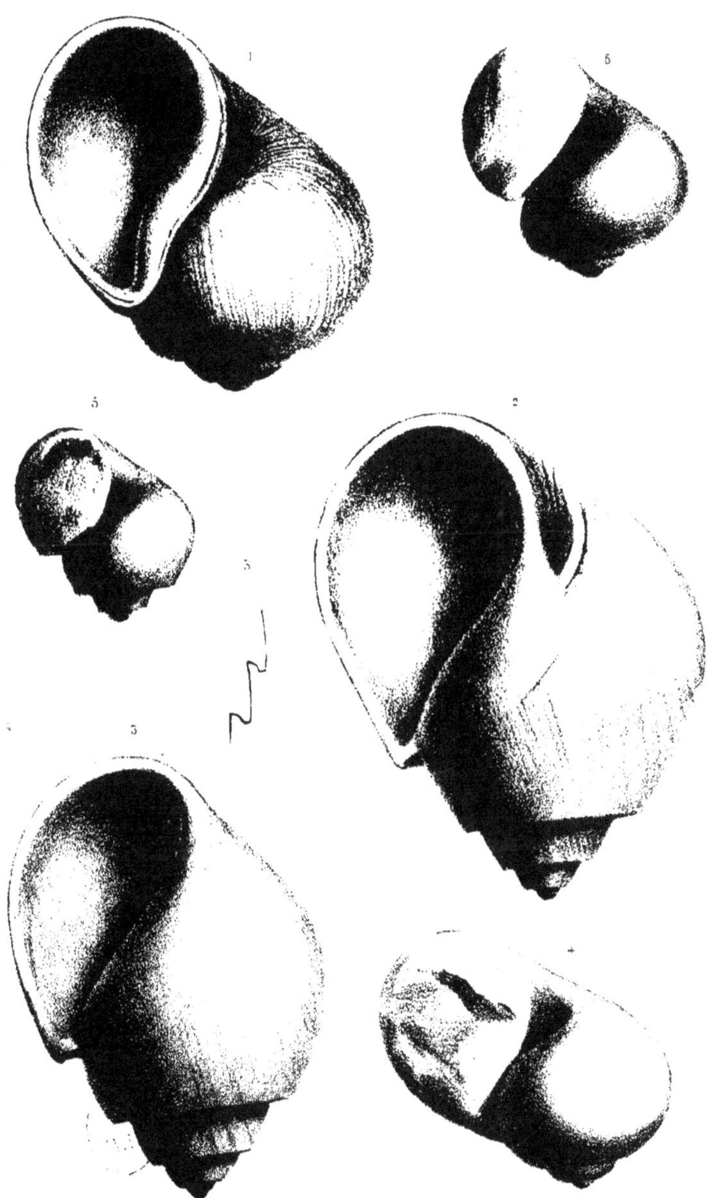

J. Delarue del. Imp. Lemercier Bénard & C.

1. Natica Rauliniana, d'Orb. G.
2. N. — Requieniana, d'Orb. CC.
3. N. — bulbiformis, Sowerby CC.
4. N. — difficilis, d'Orb. CC.
5. N. — Martinii, d'Orb. CC.
6. N. — royana, d'Orb. CC.

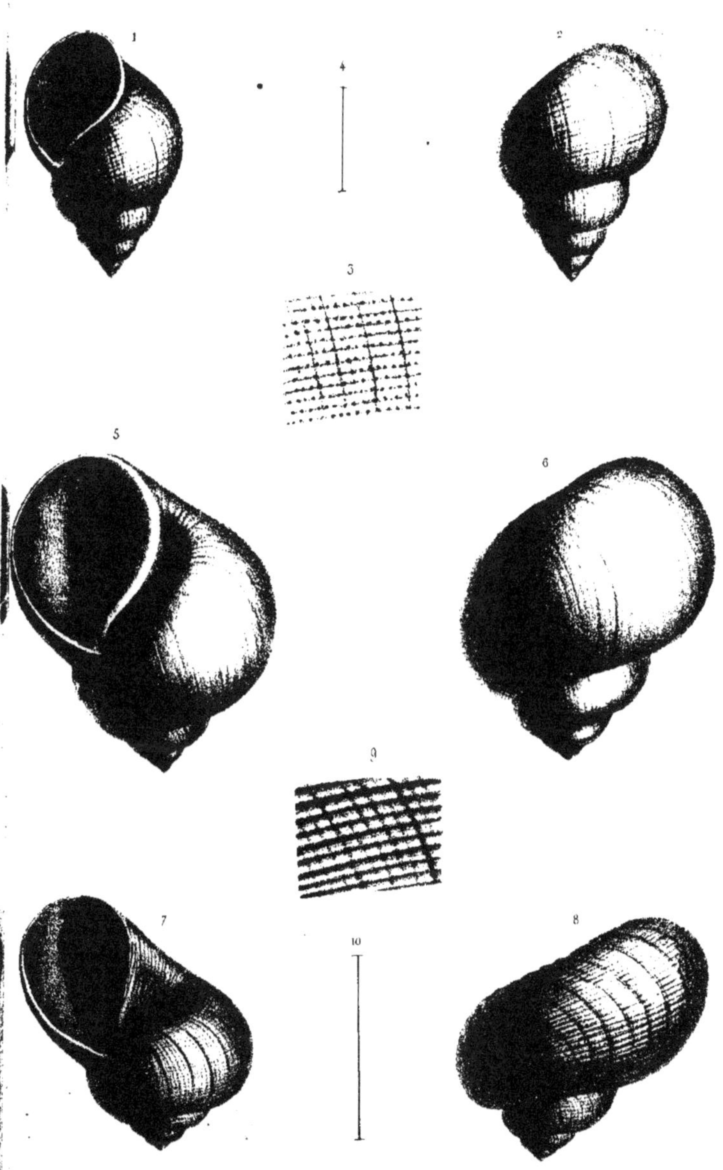

J. Delarue del.

Imp. Lemercier, Benard et Cie

1. 4. *Natica cassisiana*, d'Orb. CC.
5. 6. *N. — Matheroniana*, d'Orb. CC.
7-10. *Narica cretacea*, d'Orb. CC.

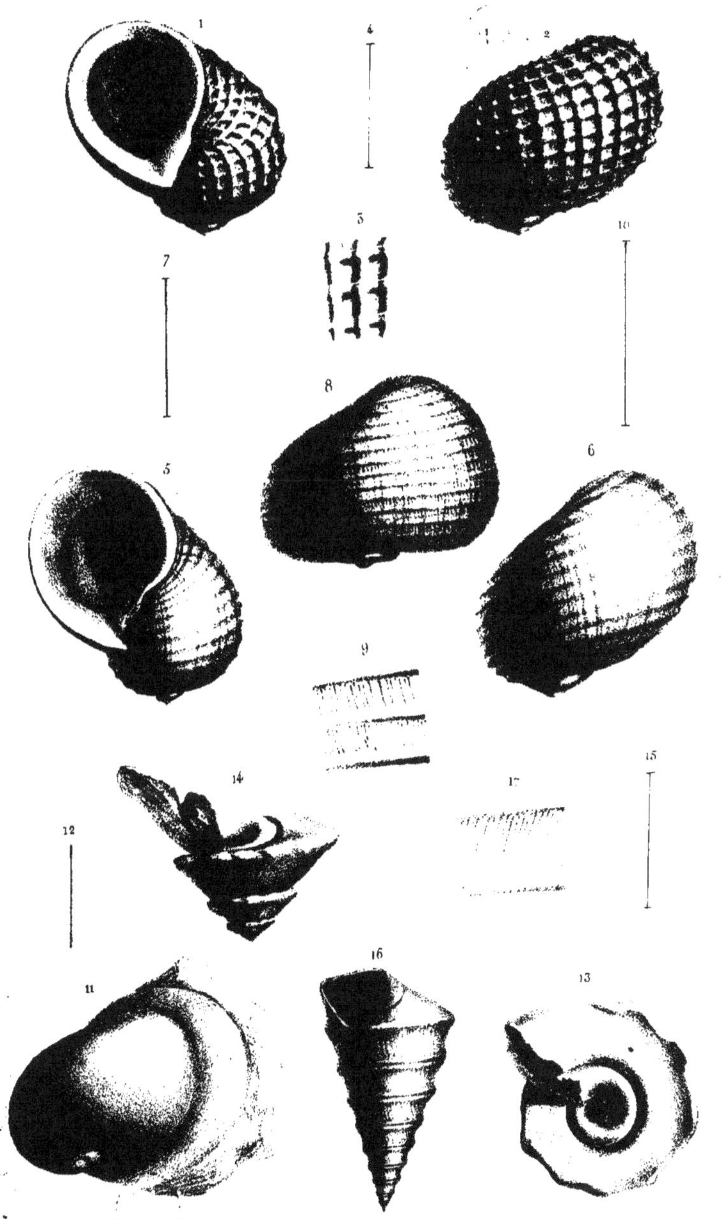

Delarue del. Im. Lemercier Benard et C.

1. 4. *Nerilopsis Robineausiana*, d'Orb. N.
5. 7. *N. — Renauxiana*, d'Orb. CC.
8. 10. *N. — ornata* —, d'Orb. CC.
11. 12. *N. — lævigata*, d'Orb. CC.
13. 15. *Phorus canaliculatus* d'Orb. CC.
16. 17. *Trochus Astierianus*, d'Orb. N.

Delarue del. Imp. Lemercier Benard et C.

1_3. *Trochus albensis*, d'Orb. N.
4_6. *T.* ___ *striatulus*, Desh. N.
7.8. *T.* ___ *marollinus*, d'Orb. N.
9.12. *T.* ___ *dentigerus*, d'Orb. N.
13.14. *T.* ___ *Requienianus*, d'Orb. CC.
15.17. *T.* ___ *Marrotianus*, d'Orb. CC.

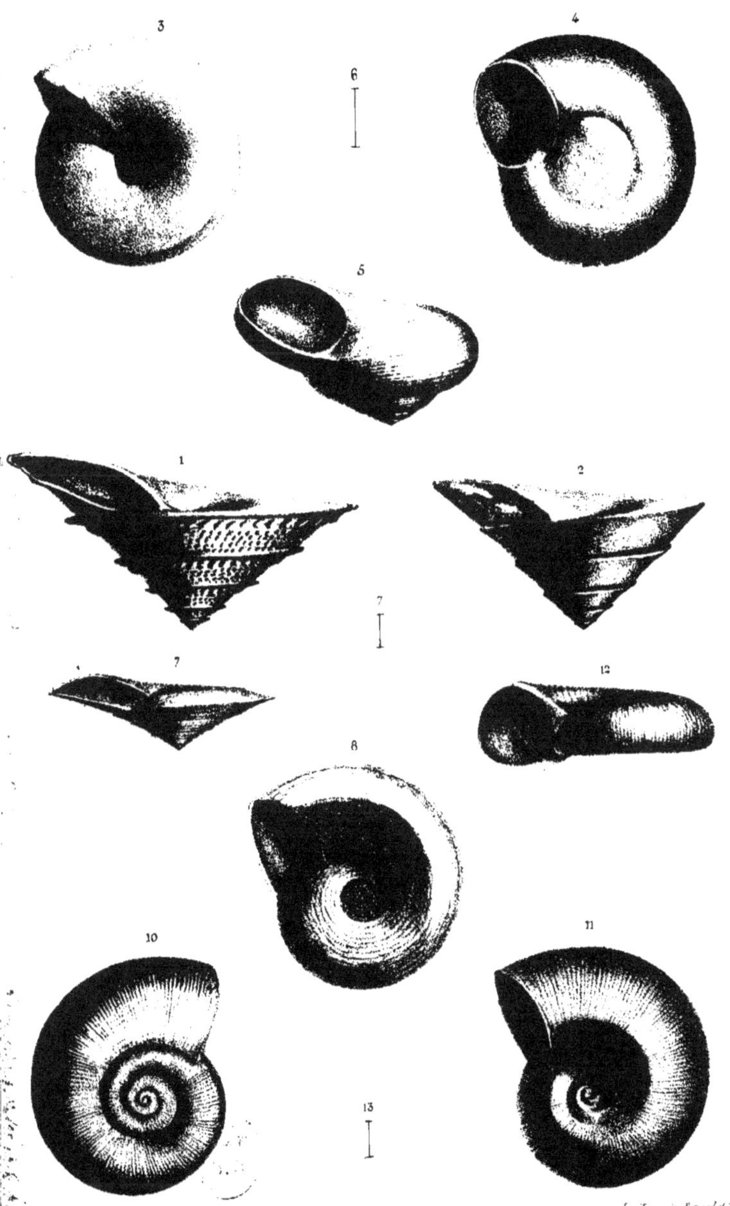

... del. Imp. Lemercier, Bénard et Cie

1-3. *Trochus girondinus*, d'Orb. CC.
4-6. *Rotella Archiaciana*, d'Orb. CC.
7-9. *Solarium dilatatum*, d'Orb. V
10-13. *S.* —— *Dupinianum*, d'Orb. V

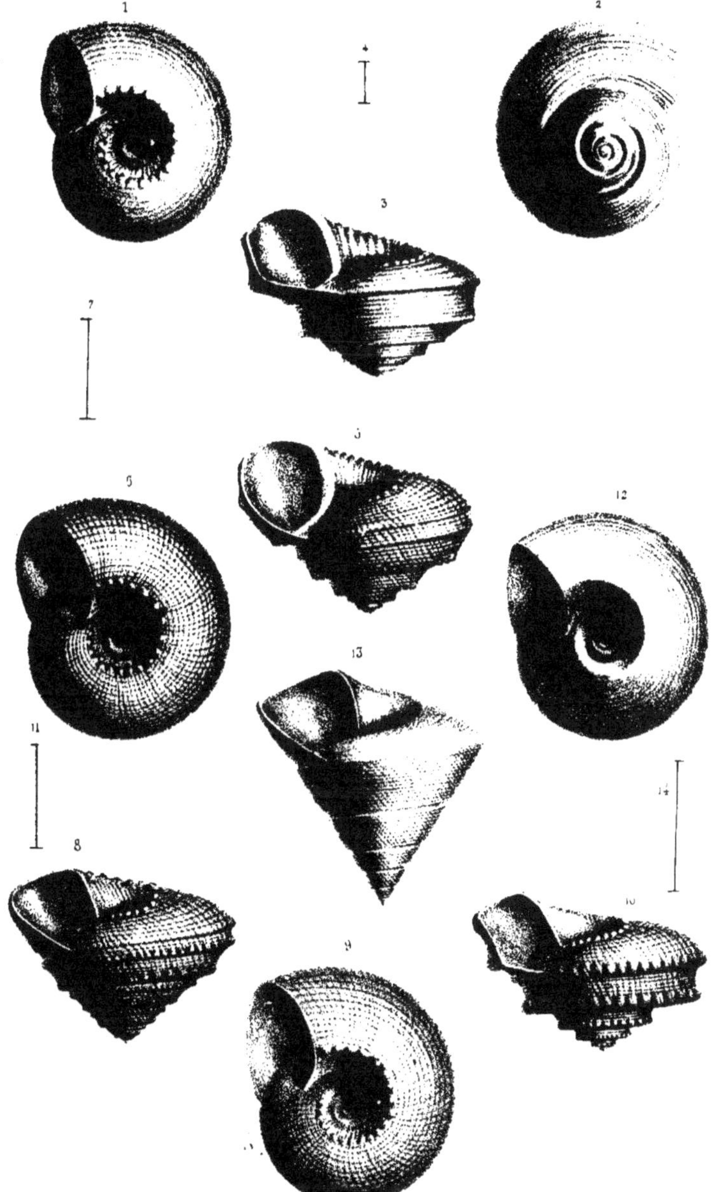

J. Delarue del. Imp. Lemercier Benard et C.

1-4. *Solarium neocomiensis*, d'Orb. N.
5.7. S. —— *Astierianum*, d'Orb. G.
8.11. S. —— *moniliferum*, Michelin G.
12.14. S. —— *conoideum*, Fitton G.

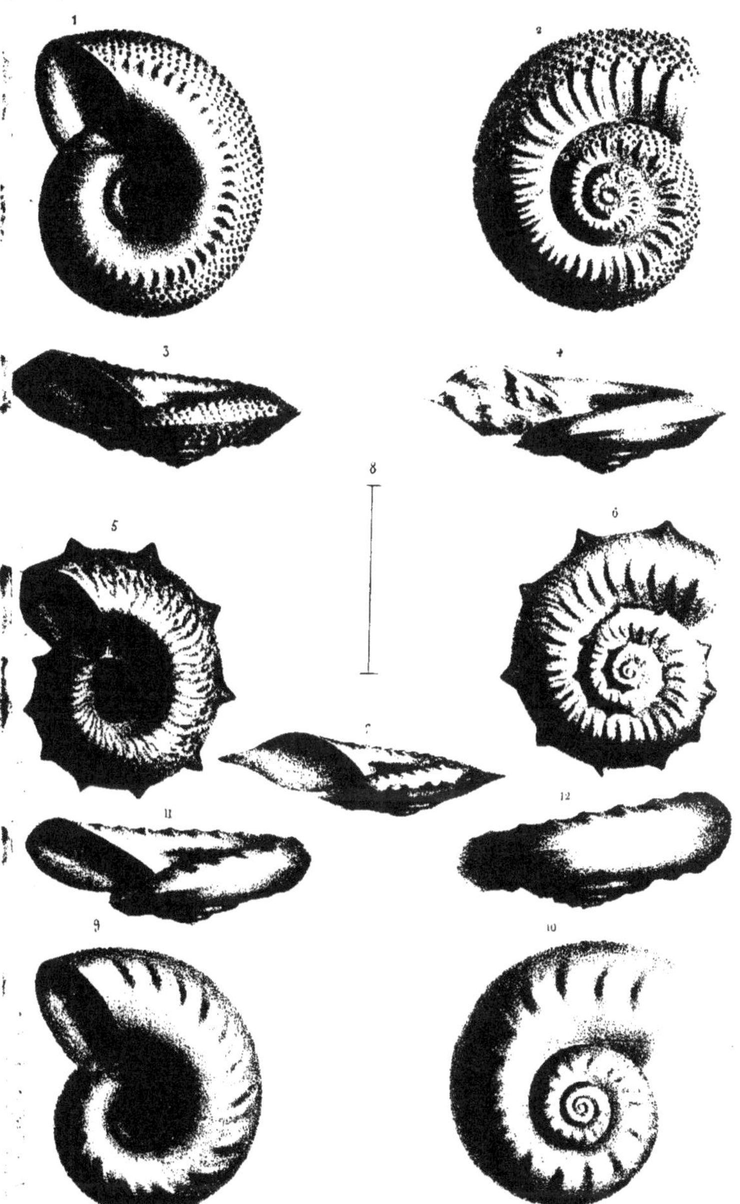

1. 4. *Solarium ornatum, Fitton. G.*
5. 8 *S. —— dentatum, d'Orb. G.*
9. 12 *S. —— cirroides. d'Orb. G.*

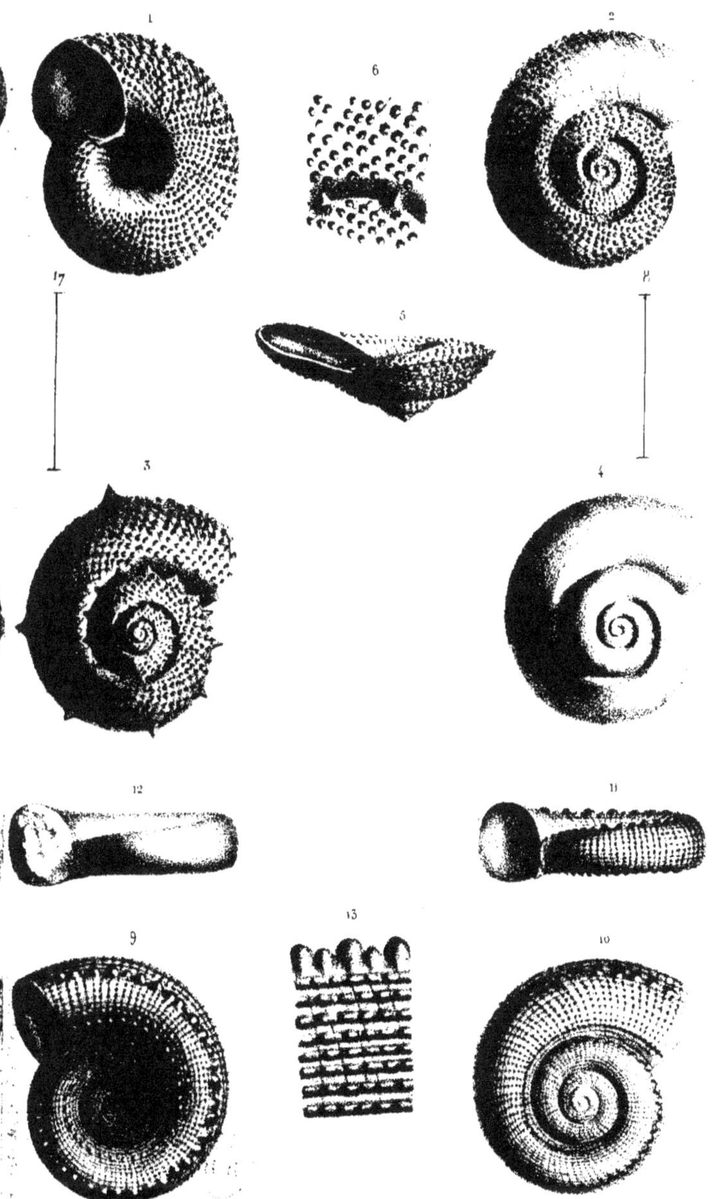

J. Delarue del.

Im. Lemercier, Benard et C.

1 - 7 - *Solarium granosum, d'Orb. G.*
8 - 13 - *S. — Martinianum, d'Orb. G.*

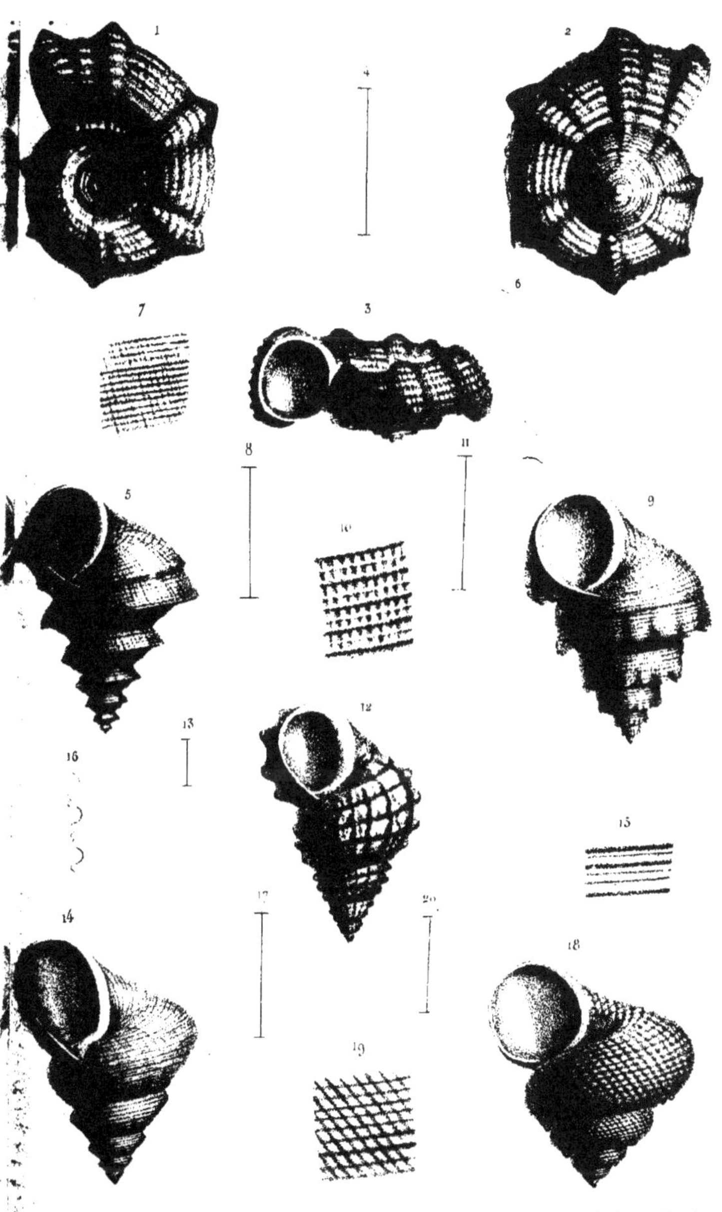

... del. Imp. Lemercier Bénard et C.

1.4. Delphinula Dupiniana, d'Orb. N.
5.8. Turbo Desvoidyi, d'Orb. N.
9.11. T.___ acuminatus, Desh. N.
12.13. T.___ marollinus, d'Orb. N.
14.17. T.___ inconstans, d'Orb. N.
18.20. T.___ Astierianus, d'Orb. G.

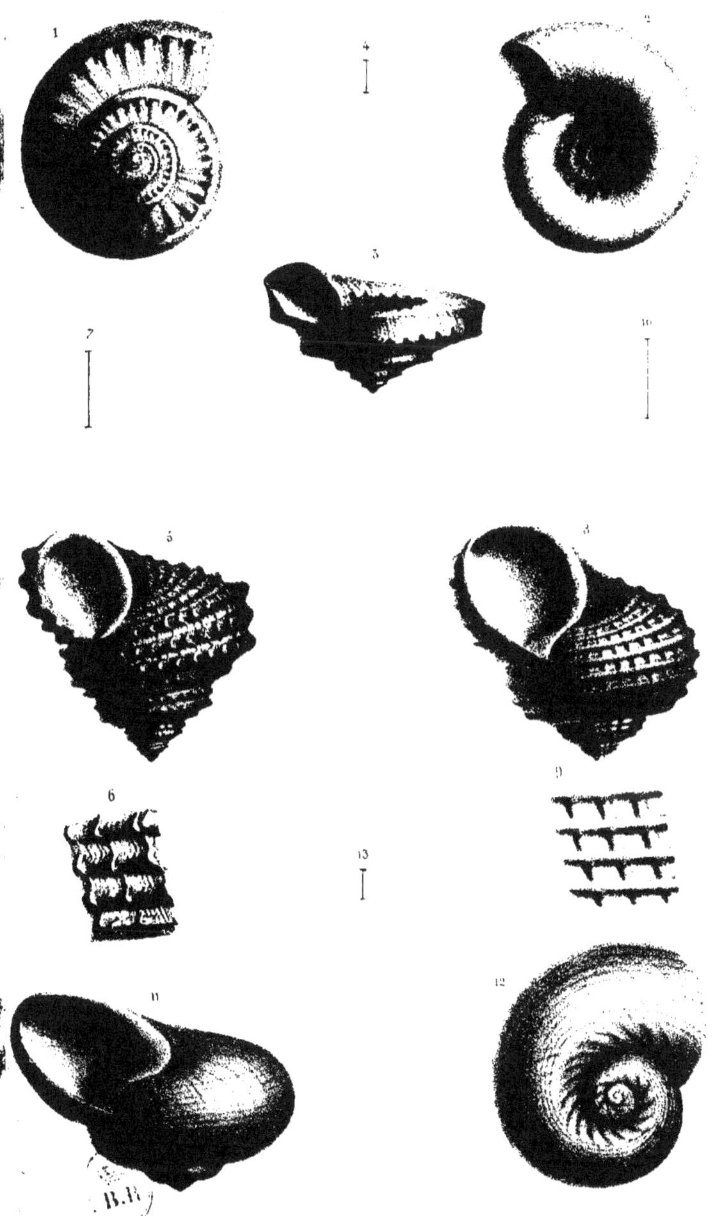

J. Delarue lith. Imp. Lemercier Benard et C.

1. 4. *Solarium albensis*, d'Orb. G.
5. 7. *Turbo Mantelli*, Leymerie. N.
8. 10. *T.____ yonninus*, d'Orb. N.
11. 13. *T.____ plicatilis*, Deshayes. G.

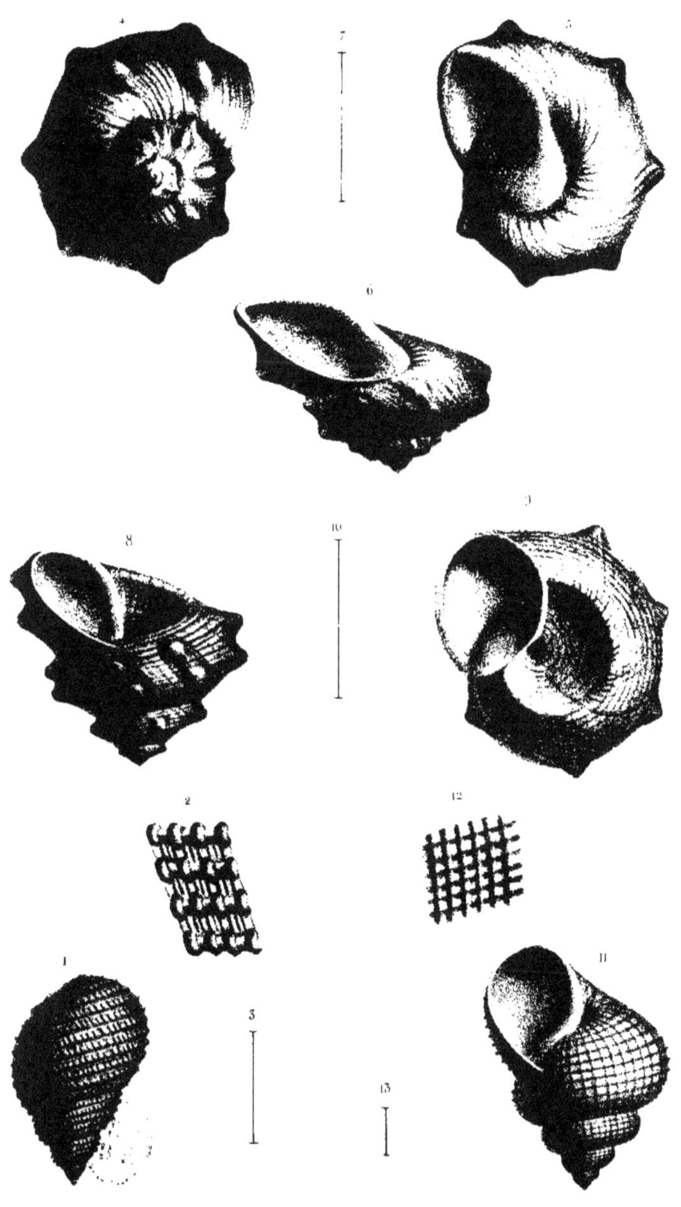

J. Delarue lith.

Imp. Lemercier Benard et C.

1.3. Turbo elegans, d'Orb., N.
4.7. Turbo Martinianus, d'Orb. G.
8.10. T. ___ Pictetianus, d'Orb. G.
11.13. T. ___ decussatus, d'Orb. G.

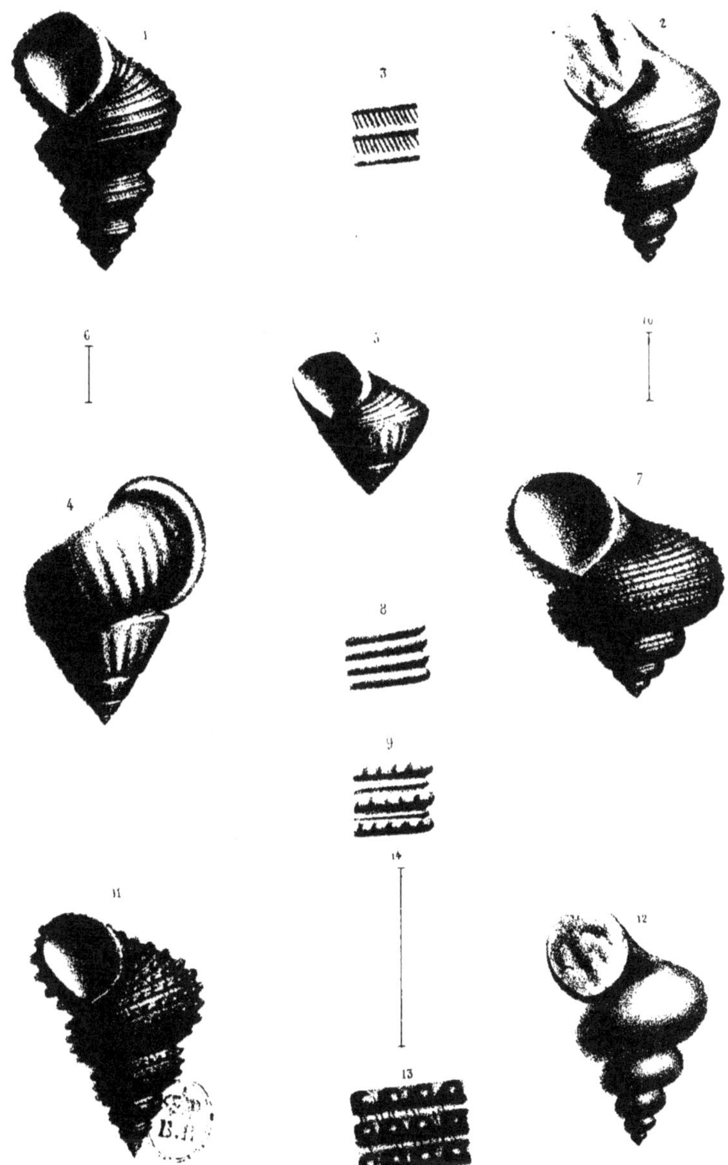

J. Delarue lith.

Imp. Lemercier, Benard et C.

1. 3. *Turbo Chassyanus*, d'Orb. G.
4. 6. *T. —— dispars*, d'Orb. G.
7. 10. *T. —— Goupilianus*, d'Orb. CC.
11. 14. *T. —— rothomagensis*, d'Orb. CC.

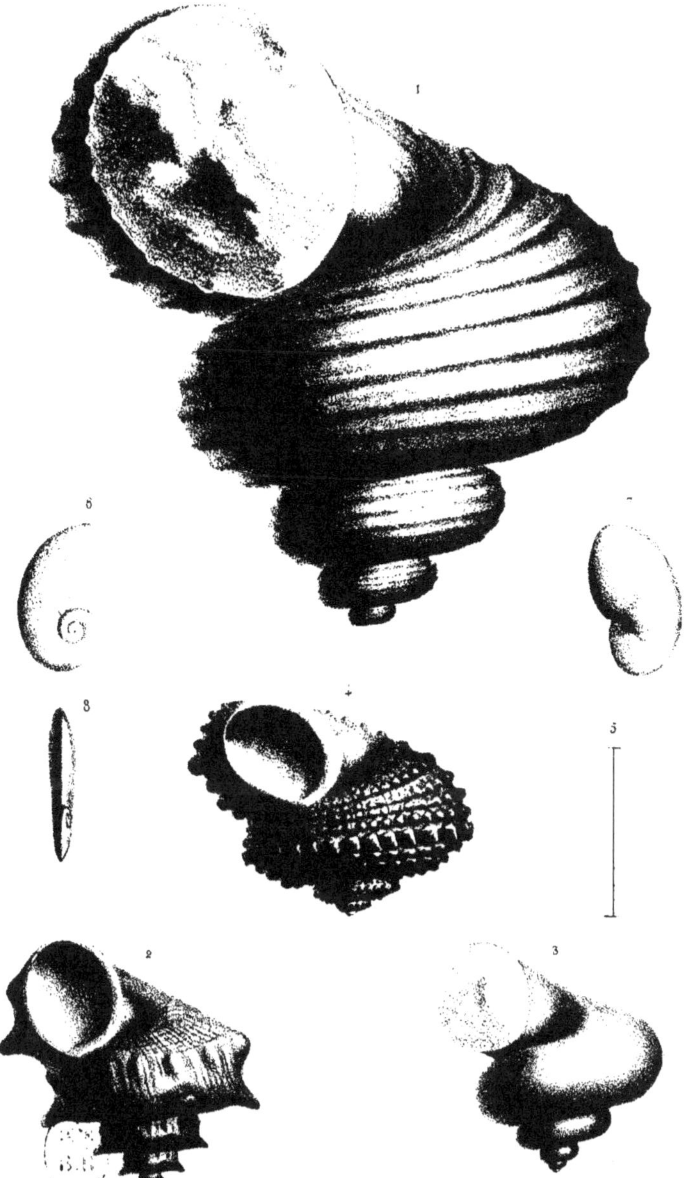

J. Delarue del.

Imp. Lemercier, Benard et C.

1. *Turbo royanus*, d'Orb. c.c.
2-3. *T. Mailleanus*, d'Orb. c.c.
4-5. *T. Renauxianus*, d'Orb. c.c.

J. Delarue lith.

Imp. Lemercier Bénard et Cie

1.2. *Turbo Guerangeri, d'Orb. C.C.*
3.4. *T.____ bicultratus, d'Orb. C.C.*
5.6. *T.____ tricostatus, d'Orb. C.C.*
7.8. *T.____ cretaceus, d'Orb. C.C.*

9.10 *Turbo cognacensis, d'Orb. C.C.*
11.14. *Operculum*
19.20. *Trochus Marçaisi, d'Orb. C.C.*

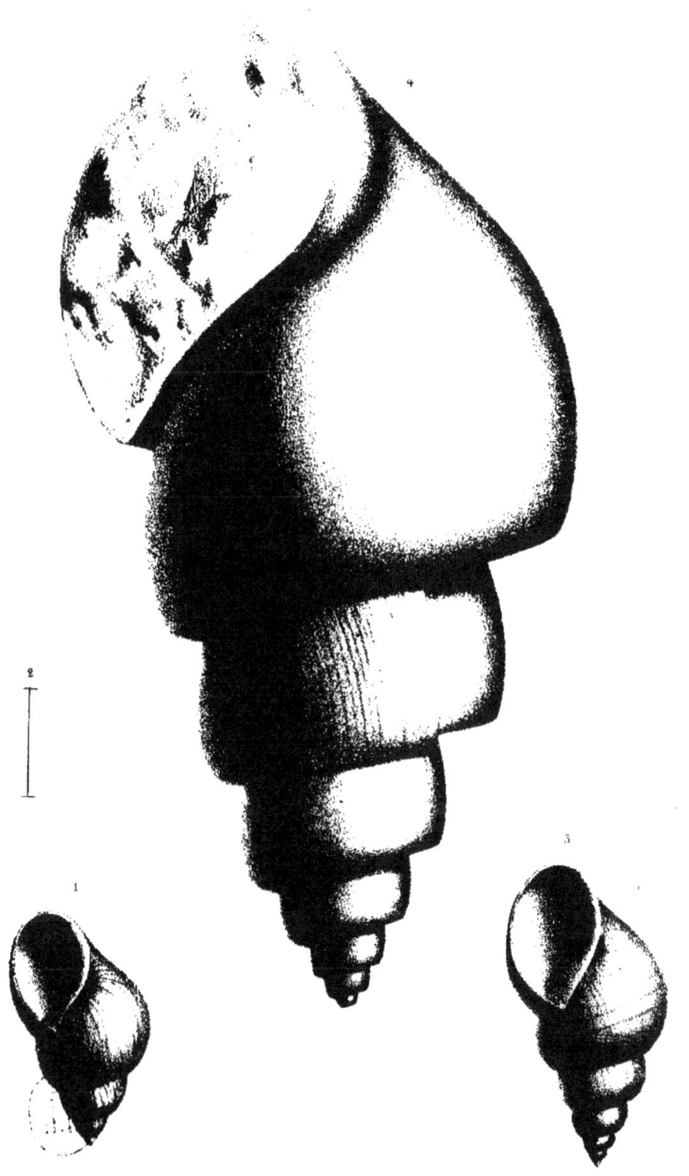

J. Delarue del. Imp. Lemercier Benard & C.

1.2. *Phasianella neocomiensis*, d'Orb. N.
3. *P. gaultina*, d'Orb. G.
4. *P. supracretacea*, d'Orb. C.C.

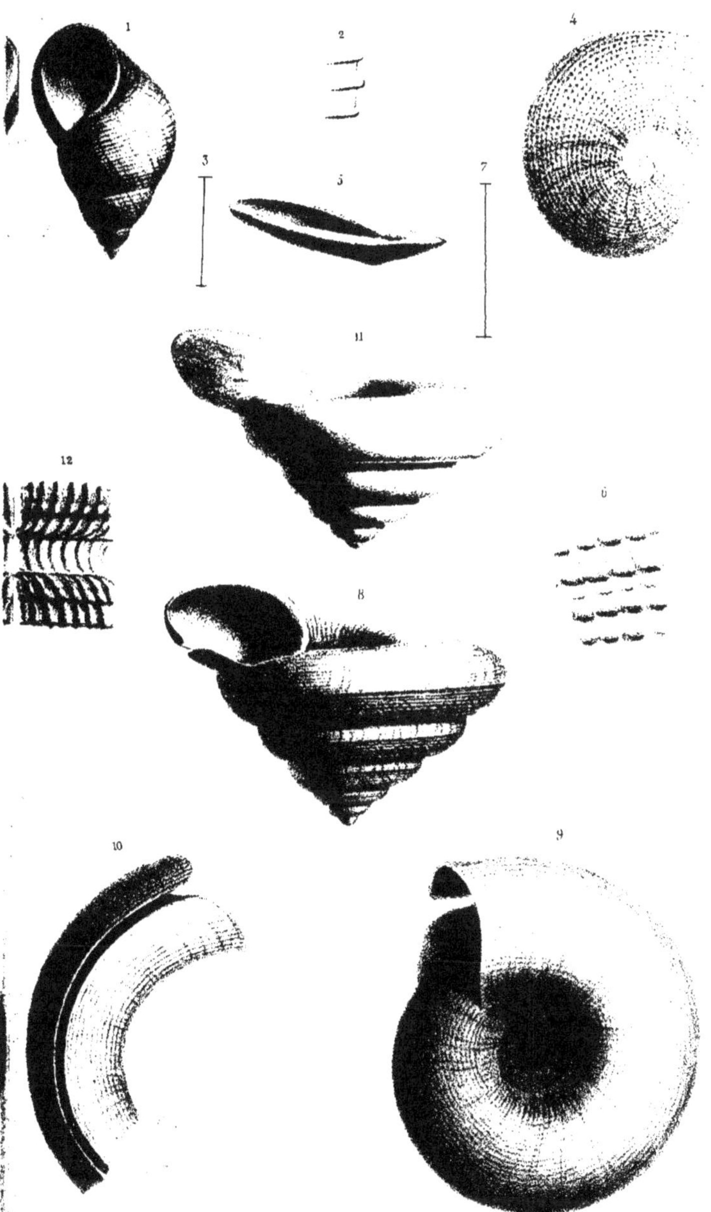

J. Delarue del. Imp. Lemercier Benard & C

1-3. *Phasianella ervyna, d'Orb.* G.

4-7. *Stomatia aspera, d'Orb.* C.C.

8-12. *Pleurotomaria neocomiensis, d'Orb.* N.

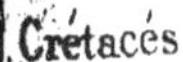

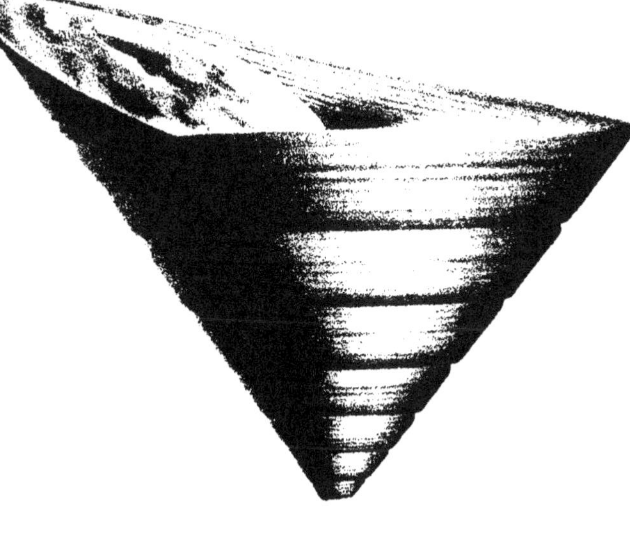

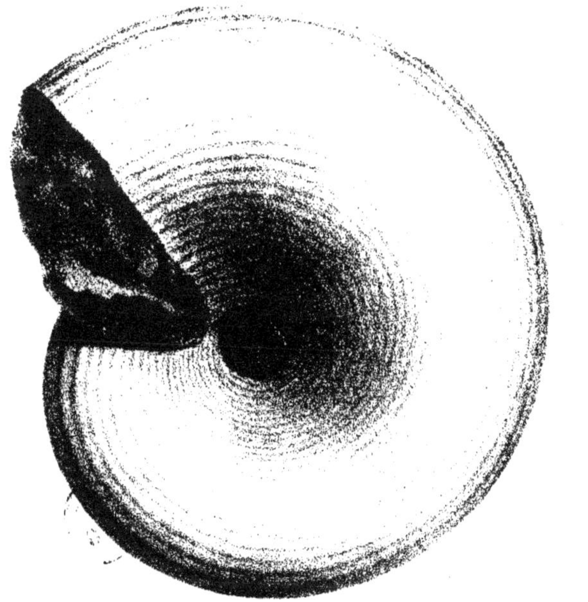

Delarue del. Imp. Lemercier, Benard et C.

Pleurotomaria Pailletteana d'Orb. x.

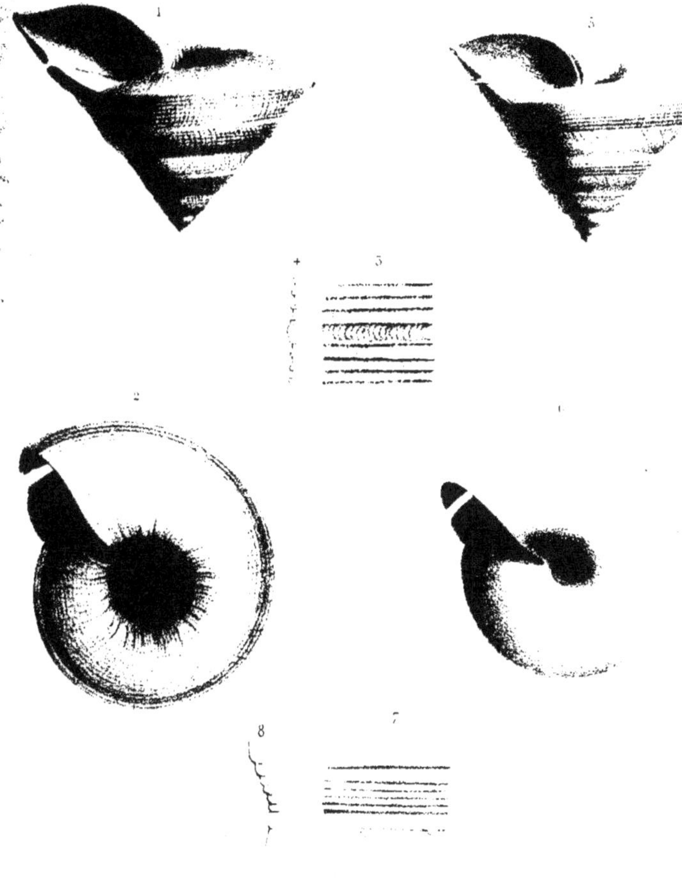

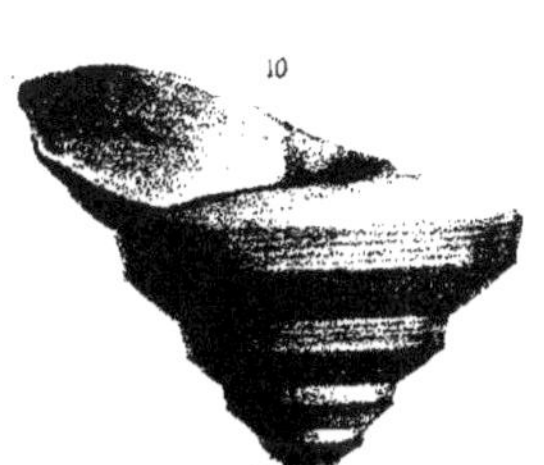

J. Delarue lith. Imp. Lemercier-Bénard

1-4. *Pleurotomaria elegans, d'Orb. N.*
5-8. *P. ——— Robineausi, d'Orb. N.*
9-10. *P. ——— provencialis, d'Orb. N.*

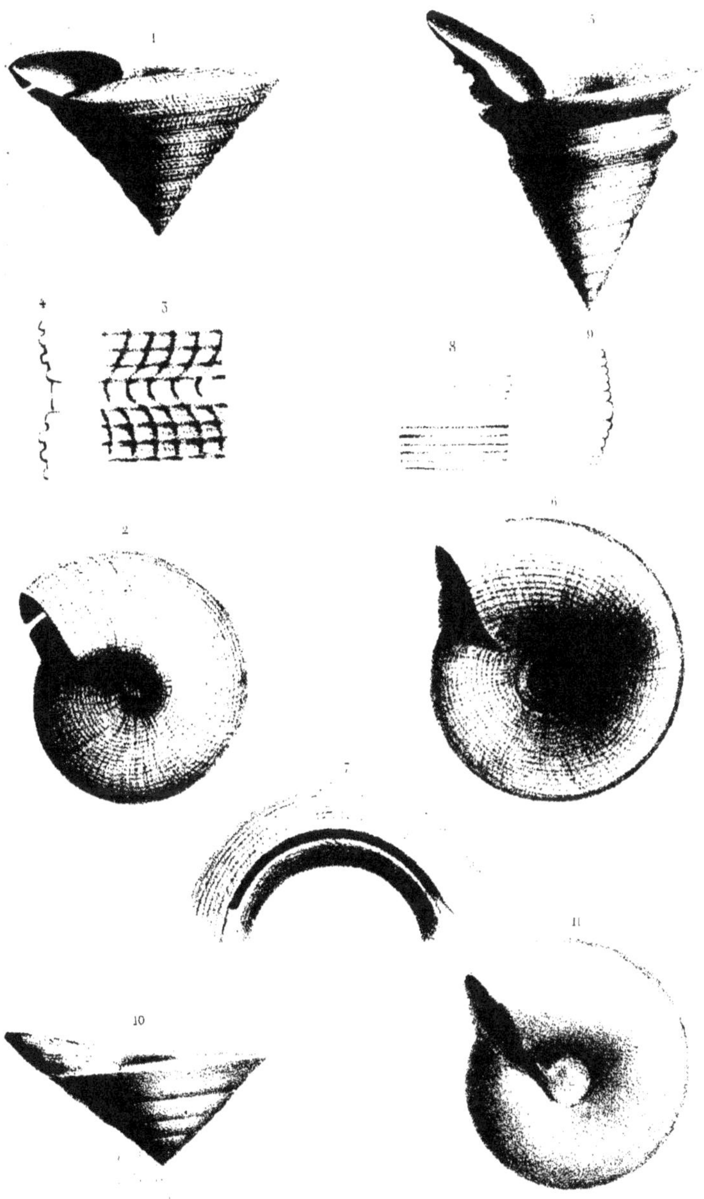

A. Delarue lith. Imp. Lemercier Bénard et Cie

1. 4. *Pleurotomaria Dupiniana*, d'Orb. N.
5. 9. *P. ——— dimorpha*, d'Orb. G.
10. 11. *P. ——— gaultina*, d'Orb. G.

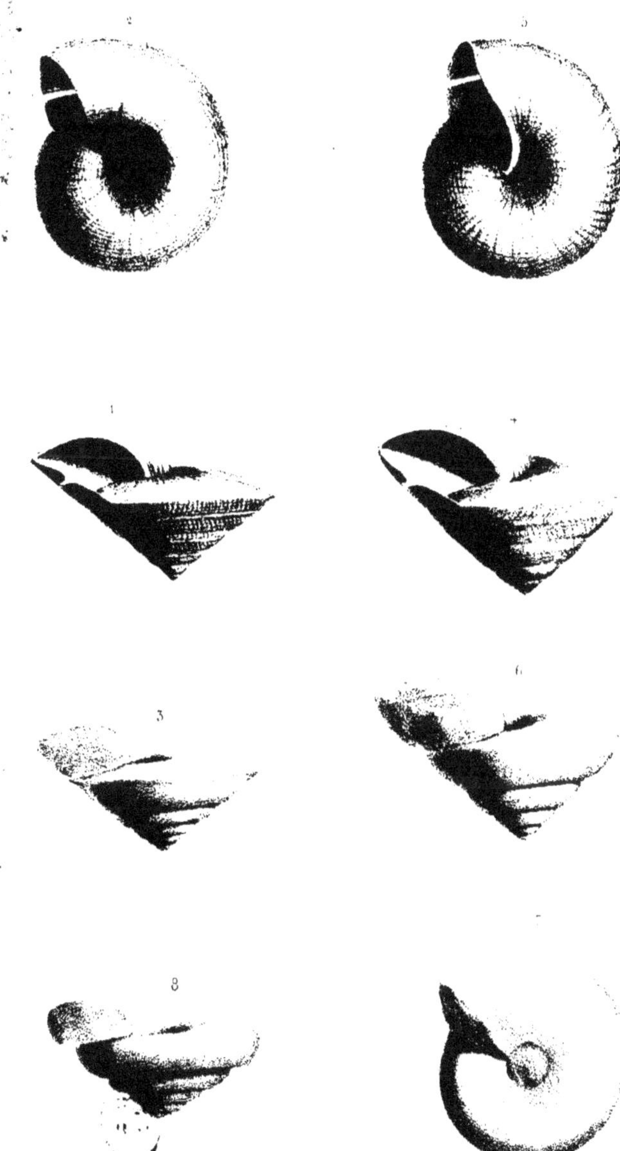

J. Delarue lith.

Imp. Lemercier Bénard et C.

1_3. *Pleurotomaria lima, d'Orb. G.*
4_6 *P. ——— gurgitis, d'Orb. G.*
7_8. *P. ——— rhodani, d'Orb. G.*

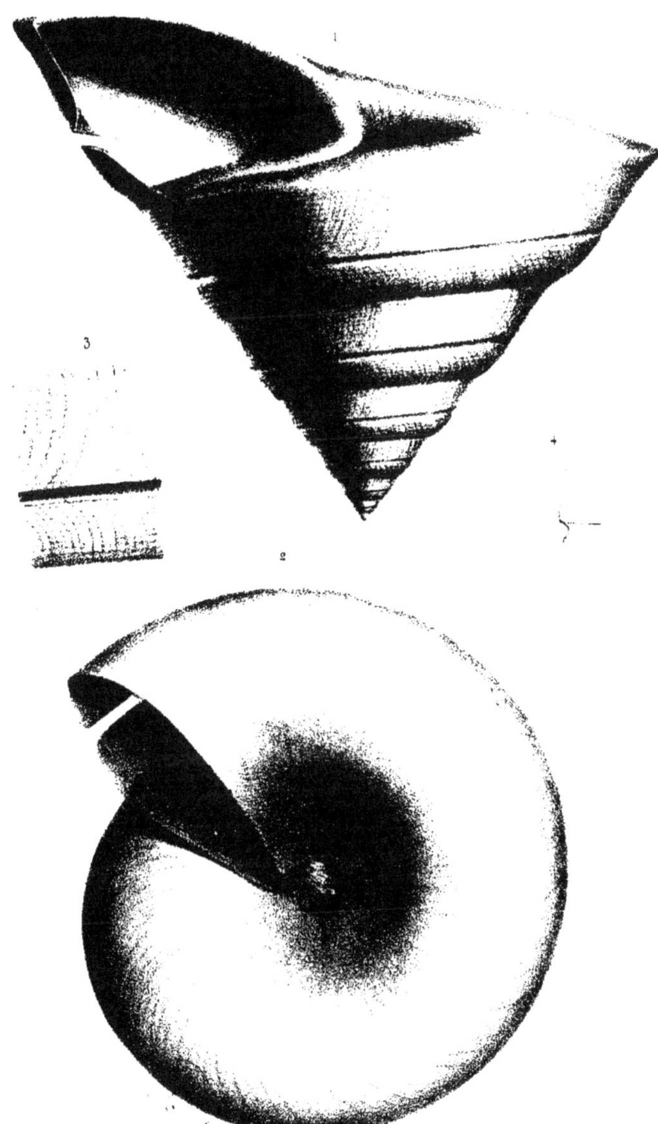

J. Delarue lith.

Imp. Lemercier, Benard et C.

Pleurotomaria Delahayesi, d'Orb. CC.

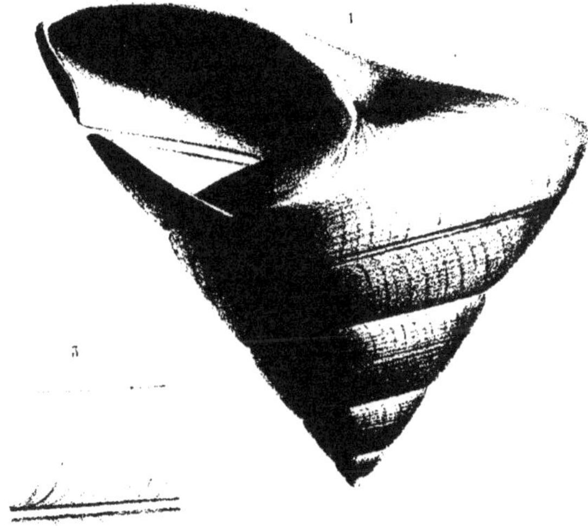

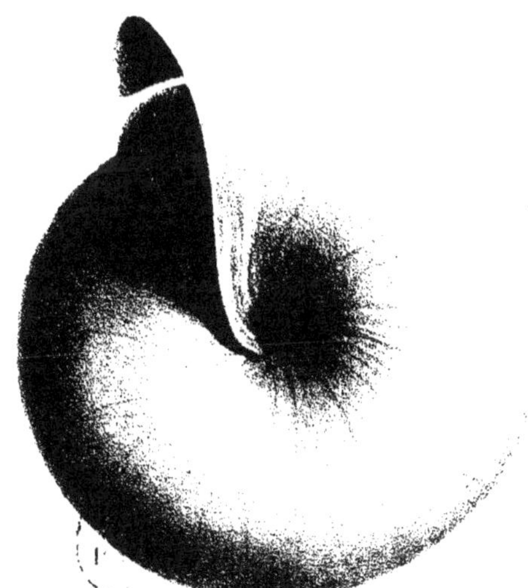

Delarue lith. Imp. Lemercier Benard et Cie

Pleurotomaria simplex. d'Orb. C.C.

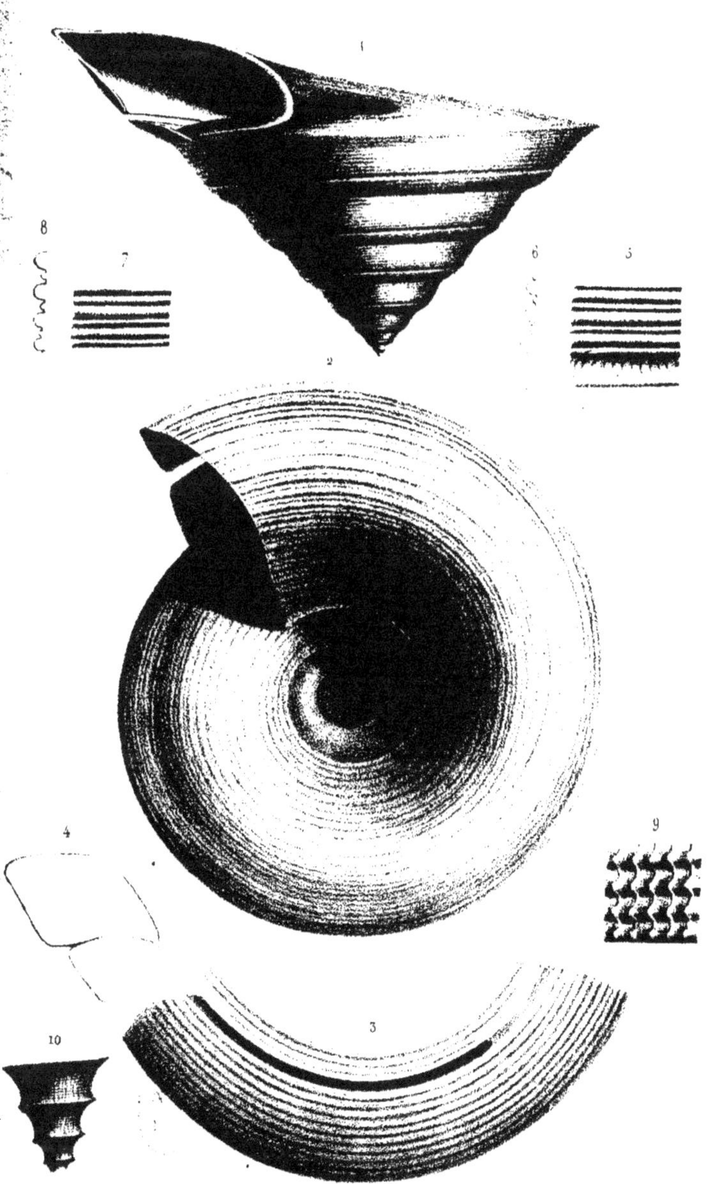

J. Delarue lith. Imp. Lemercier Benard et C.

Pleurotomaria Mailleana, d'Orb. C.C.

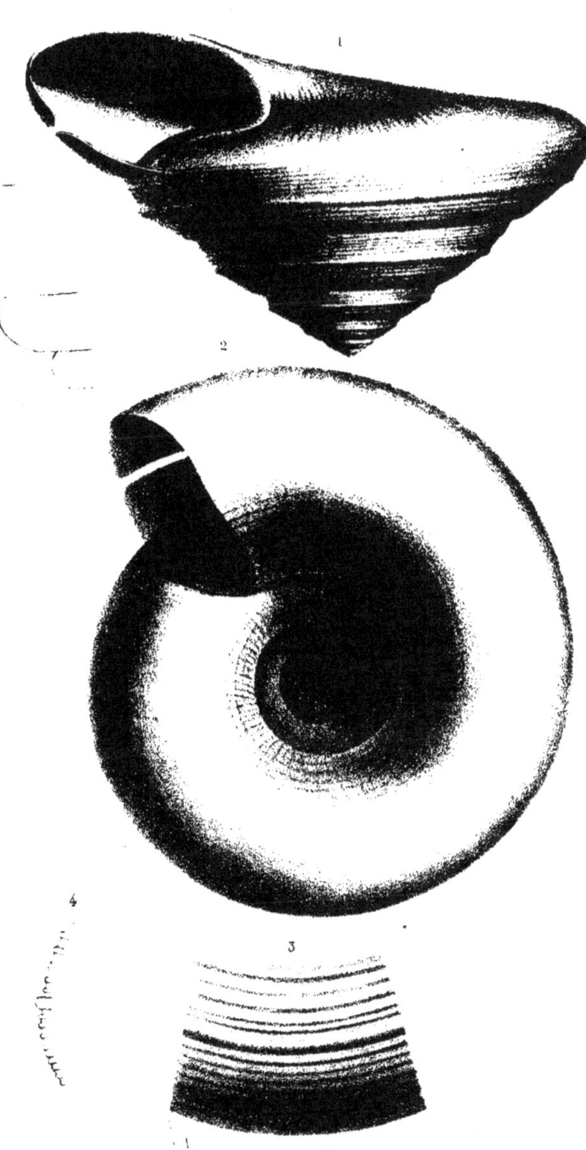

T. Delarue lith. Imp. Lemercier Benard et Cie

Pleurotomaria perspectiva, Sowerby C.C.

Delarue lith.   Imp. Lemercier Benard et C.

Pleurotomaria Galliennei, d'Orb. C.C.

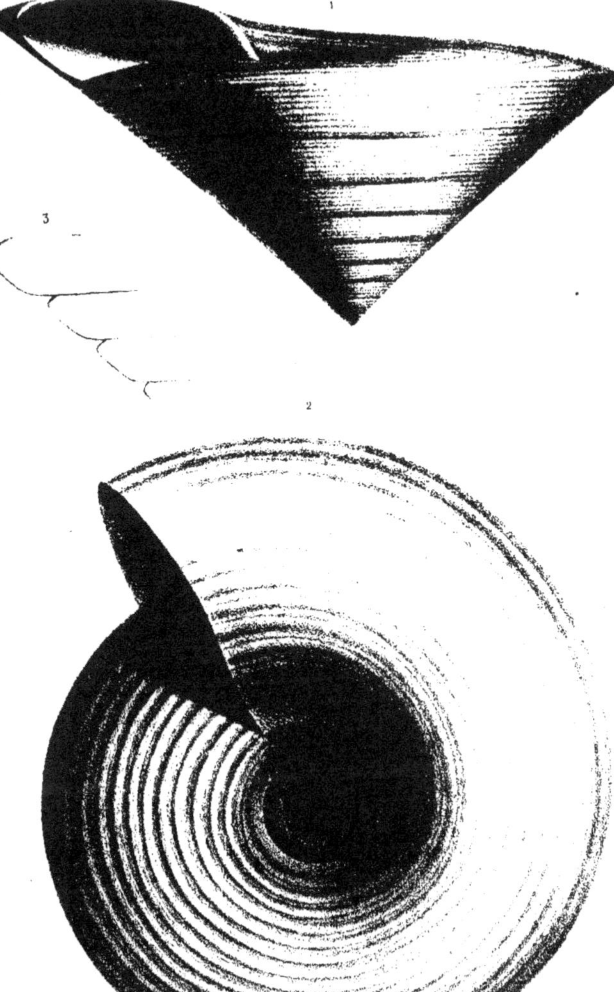

J. Delarue lith.

Im. Lemercier Benard et Cie

Pleurotomaria santonensis, d'Orb. CC.

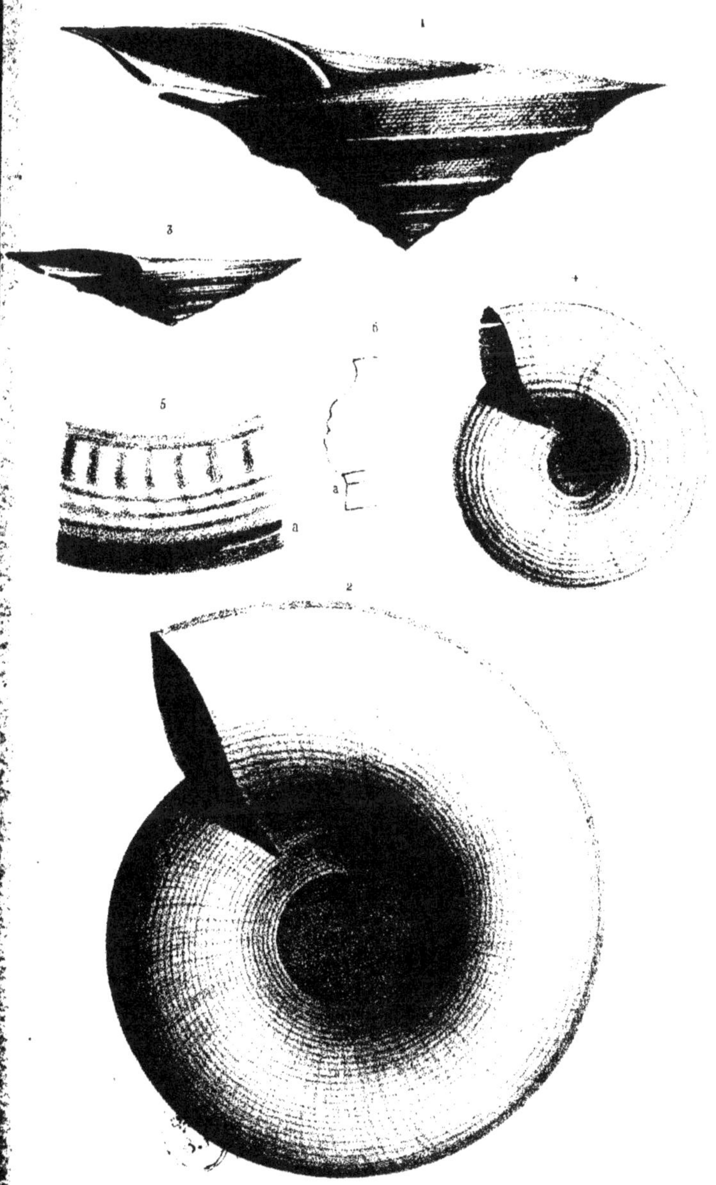

J. Delarue lith.

Im. Lemercier Benard et C.

1_2. *Pleurotomaria formosa, Leymerie C.C.*
3_6 P. ———— *Moreausiana, d'Orb. C.C.*

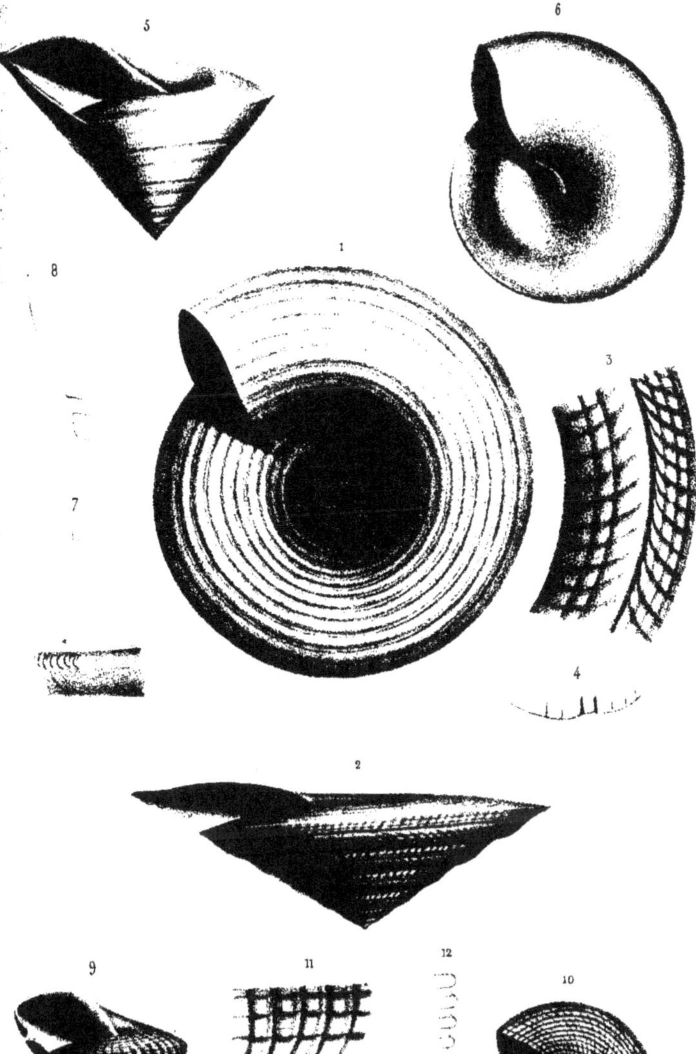

Delarue lith. Im. Lemercier Bénard et Cie

1.4. *Pleurotomaria secans, d'Orb.* C.C.
5.8. *P. ——— Requieniana, d'Orb.* CC.
9.12. *P. ——— falcata, d'Orb.* C.C.

J. Delarue lith. Im. Lemercier Bénard et Cie

1.4. Pleurotomaria Matheroniana, d'Orb. C.C.
5.6. P. ———— Fleuriausa, d'Orb. C.C.

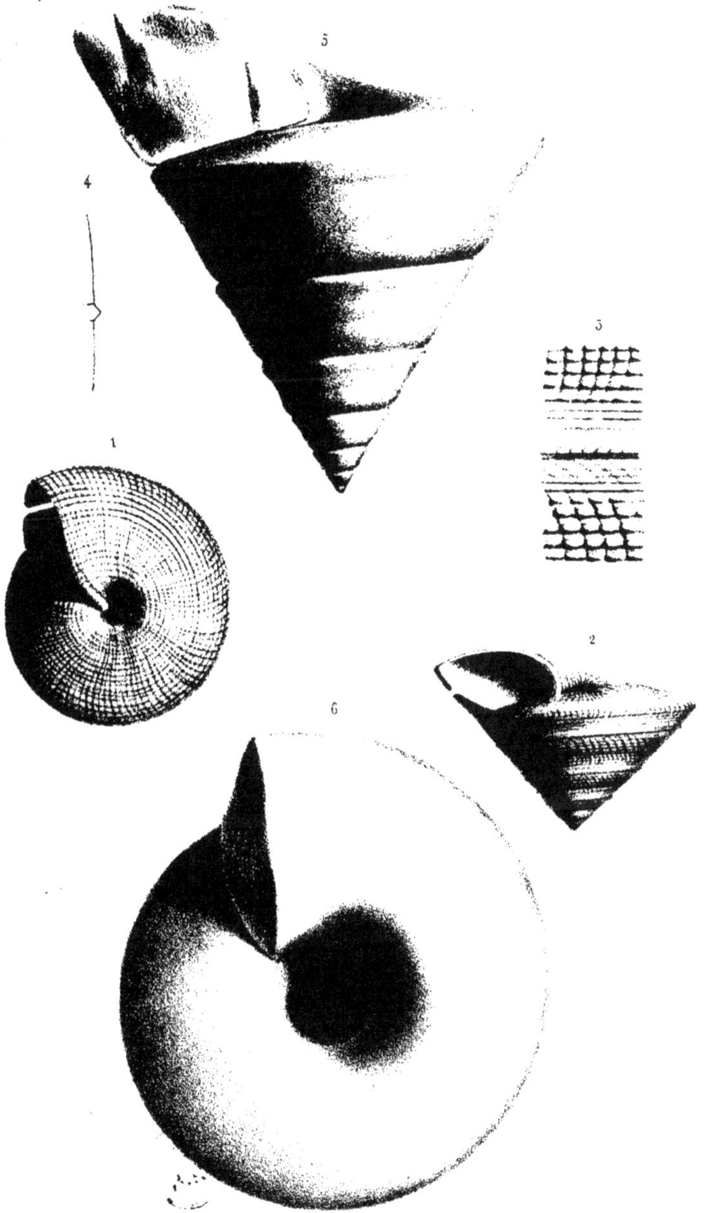

Delarue lith. Imp. Lemercier, Benard et C.

1-4. *Pleurotomaria cassisiana, d'Orb. C.C.*
5-6. *P. ______ Marrotiana, d'Orb. C.C.*

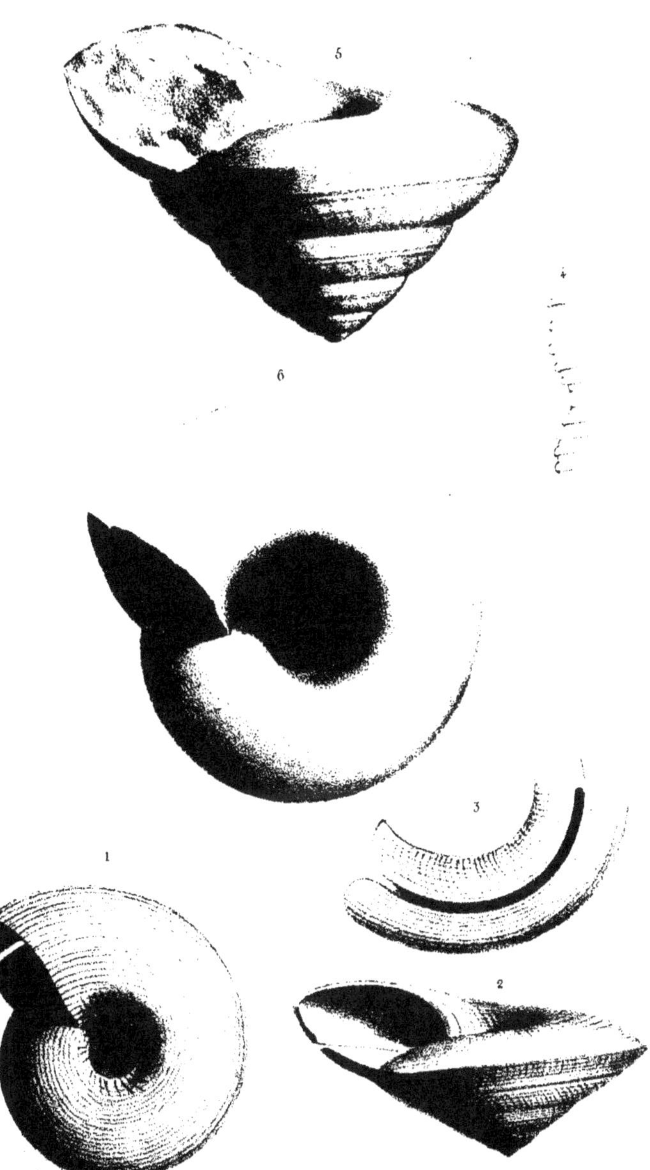

J. Delarue lith.

Imp. Lemercier, Benard et Cie

1_4. Pleurotomaria Brongniartiana, d'Orb. C.C.
5_6. P. ______ royana, d'Orb. C.C.

1

3

2

Delarue lith. Imp. Lemercier Benard et Cie

Pleurotomaria turbinoides, d'Orb. C.C.

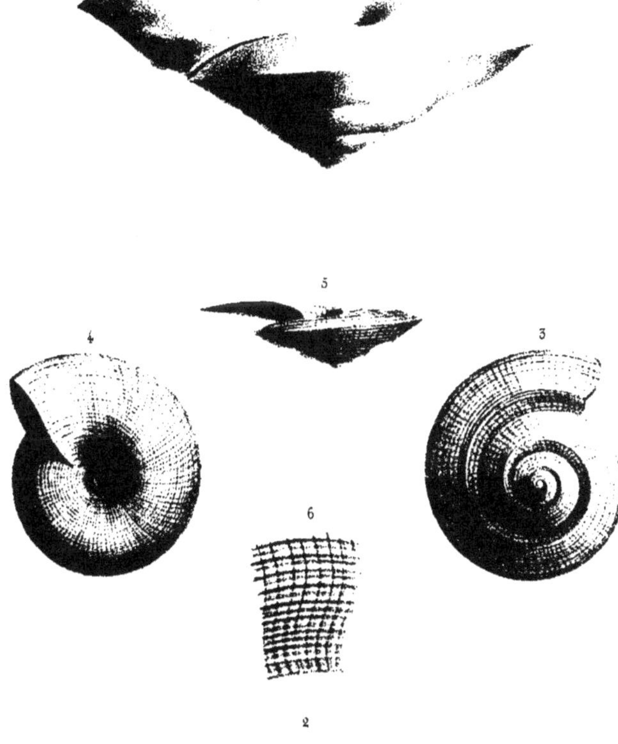

J. Delarue lith.

Imp. Lemercier Benard et Cie

1.2. *Pleurotomaria. Supra cretacea, d'Orb. CC*
3.5. *P.________ Guerangeri, d'Orb. CC*

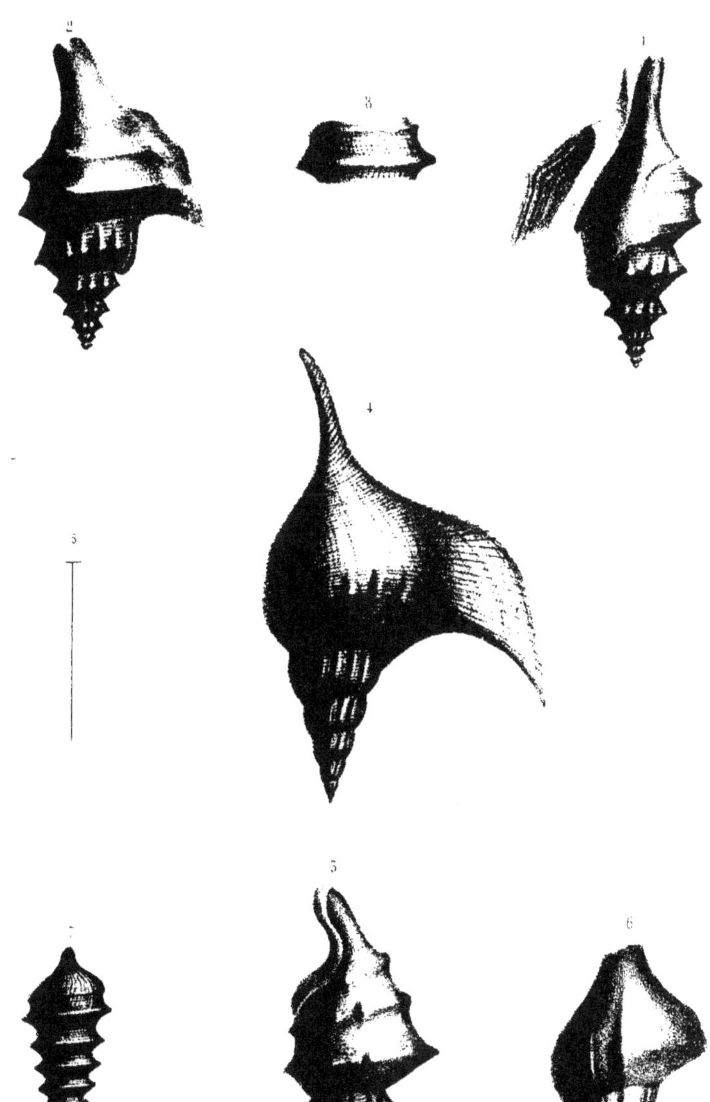

J. Delarue lith.

1.3. Rostellaria Dupiniana, d'Orb. N.
4.5. ——— Robinaldinus, d'Orb. N.
6. Rostellaria alpina, d'Orb. N.
7.8. R. ——— pyramidalis, d'Orb. N.

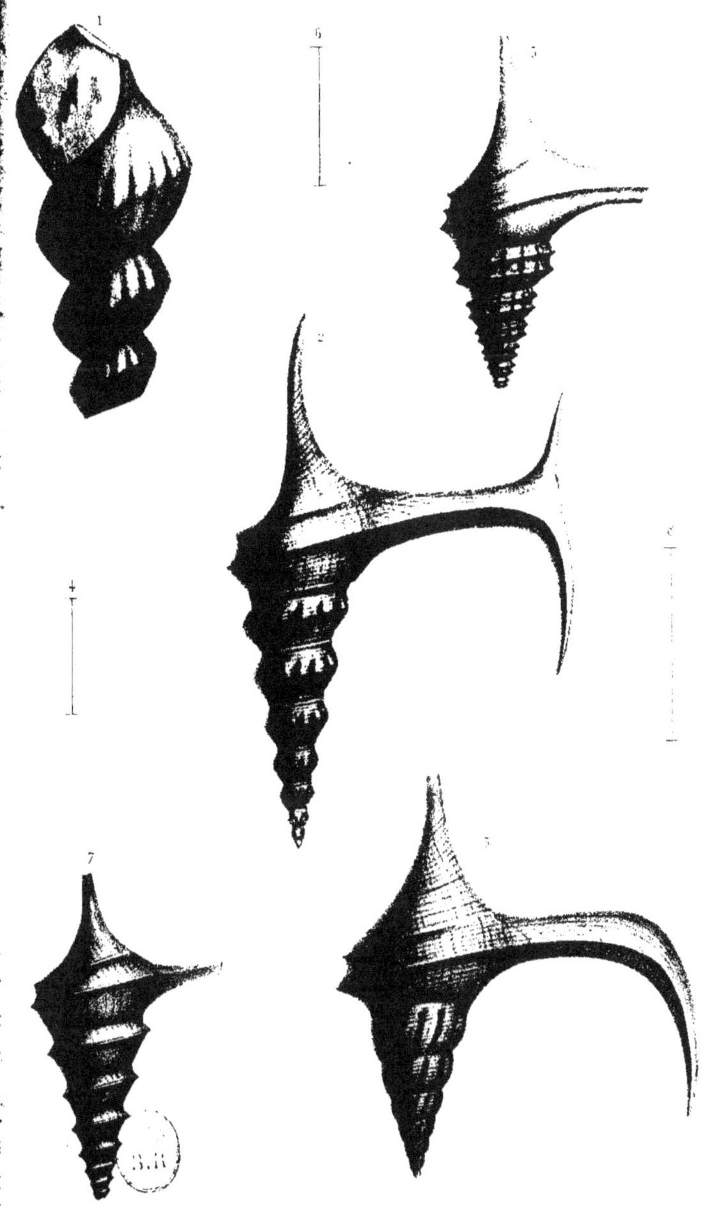

Delarue lith.

1. *Rostellaria Astieriana*, d'Orb. N.
2. *R.* ——— *carinata*, Mantell. G.
3. 4. *R.* ——— *calcarata*, Sowerby. G.
5. 6. *Rostellaria tricostata*, d'Orb. G.
7. 8. *R.* ——— *carinella*, d'Orb. G.

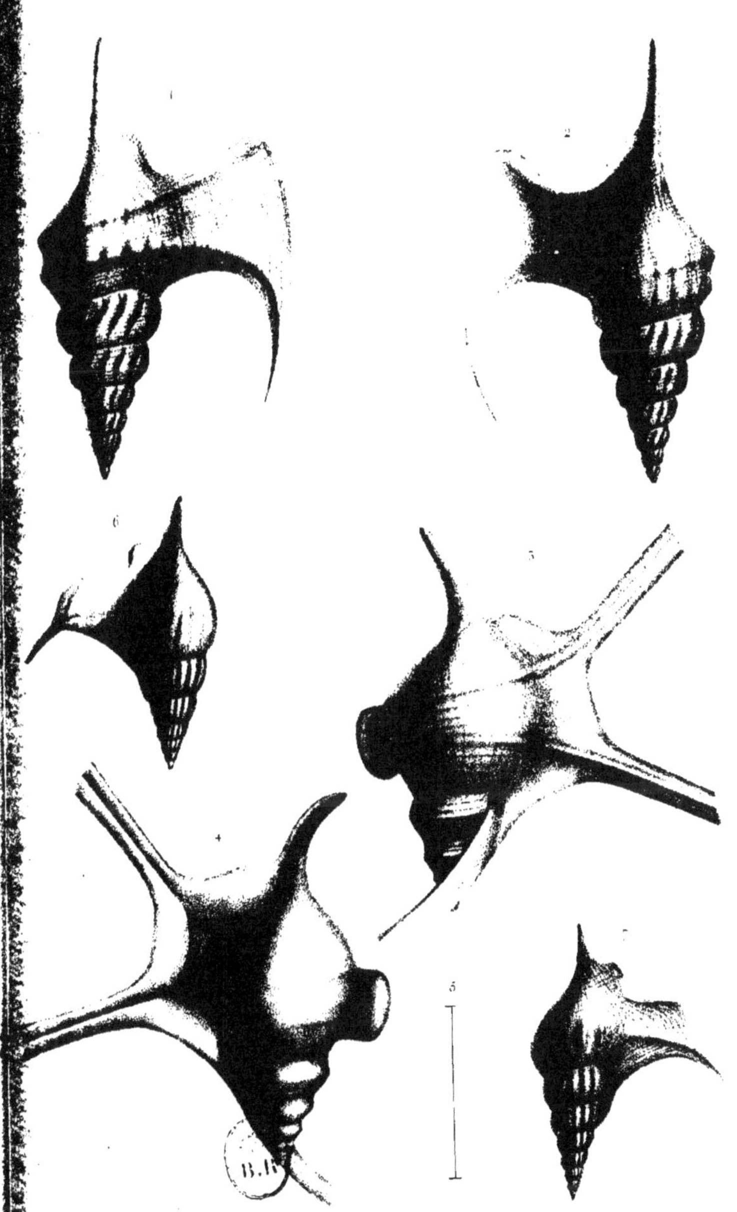

J. Delarue del. Imp. Lemercier Benard & Cie.

1.2. *Rostellaria Parkinsoni*, Sow. G.
3.5. *Pterocera bicarinata*, d'Orb. G.
6.7. *Rostellaria simplex*, d'Orb. G.

1

2

3

4

...larue del. Imp. Lemercier Benard et C.

1. 2. Rostellaria ornata, d'Orb. C.C.
3. 4. R.——— Requieniana, d'Orb. C.C.

J. Delarue del. Imp. Lemercier Bénard et C.ie

1. *Rostellaria pauperata*, d'Orb. C.C.
2. *R. ——— Mailleana*, d'Orb. C.C.
3. *R. ——— pyrenaica*, d'Orb. C.C.
4-5. *Rostellaria inornata*, d'Orb. C.C.
6-7. *R. ——— varicosa*, d'Orb. C.C.

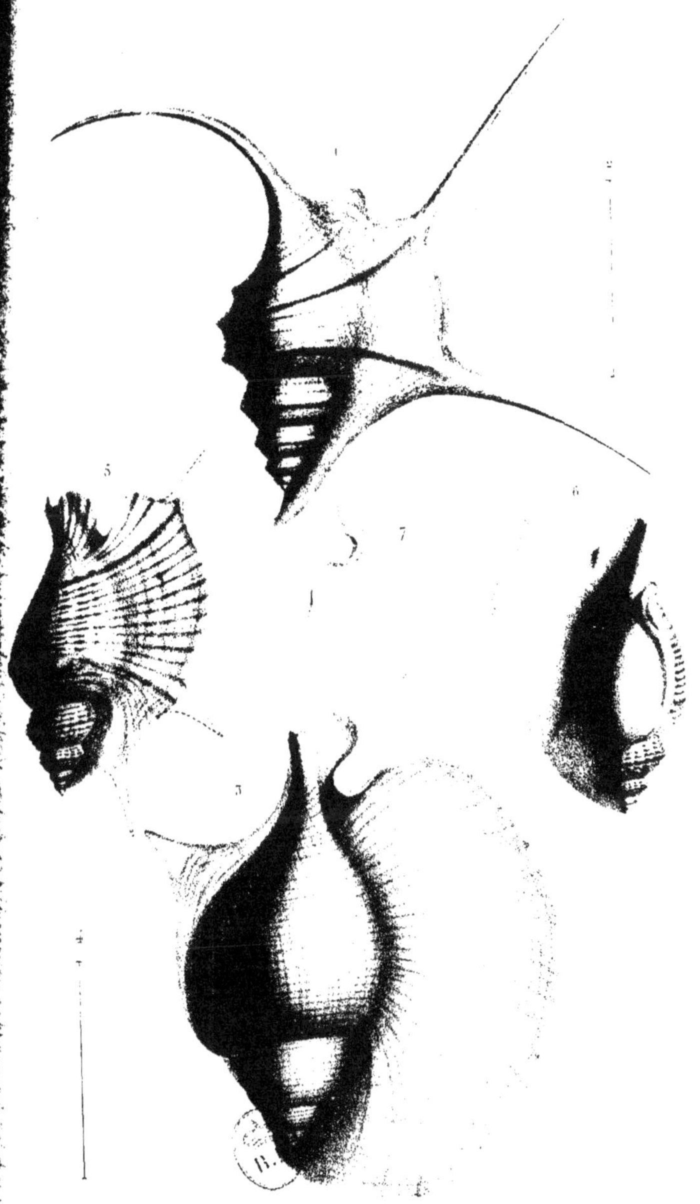

J. Delarue del.

Imp. Lemercier Benard et C.

1.2. Pterocera Moreausiana, d'Orb. N.
3.4. P. ——— speciosa, d'Orb. N.
5.7. P. ——— Dupiniana, d'Orb. N.

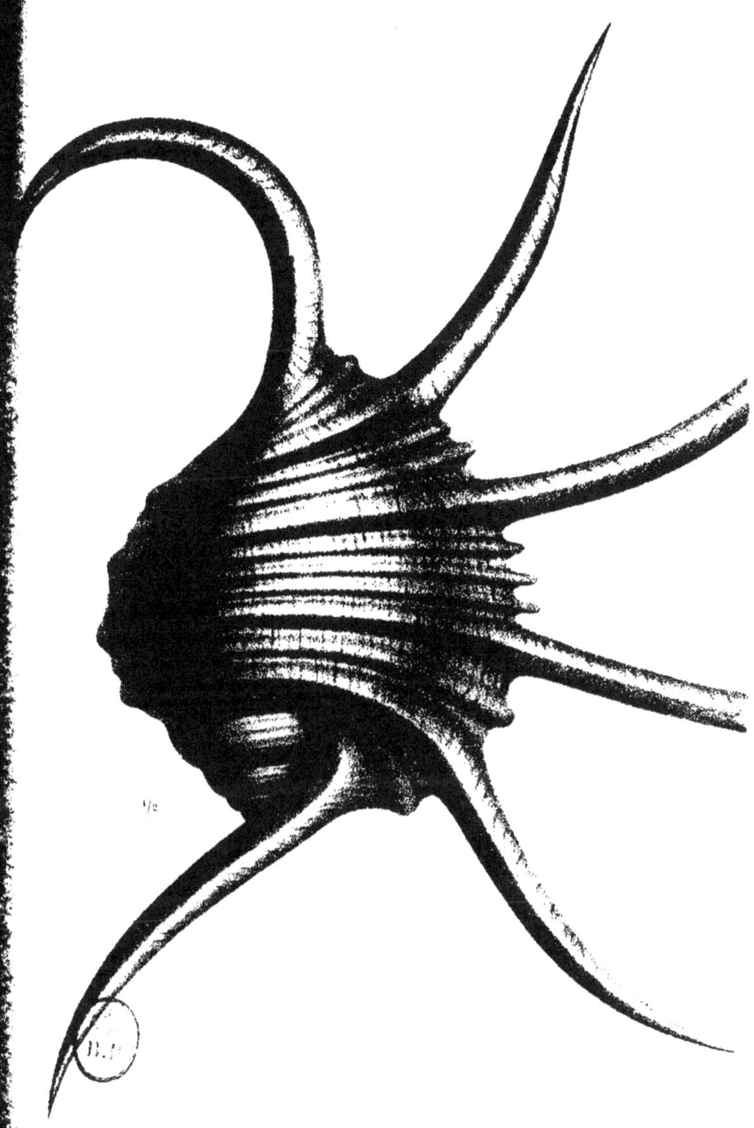

J. Delarue del.

Im. Lemercier, Benard et C.

Pterocera Pelagi, N.

J. Delarue del. Imp. Lemercier Bénard et C.

Pterocera Beaumontiana, d'Orb. N.

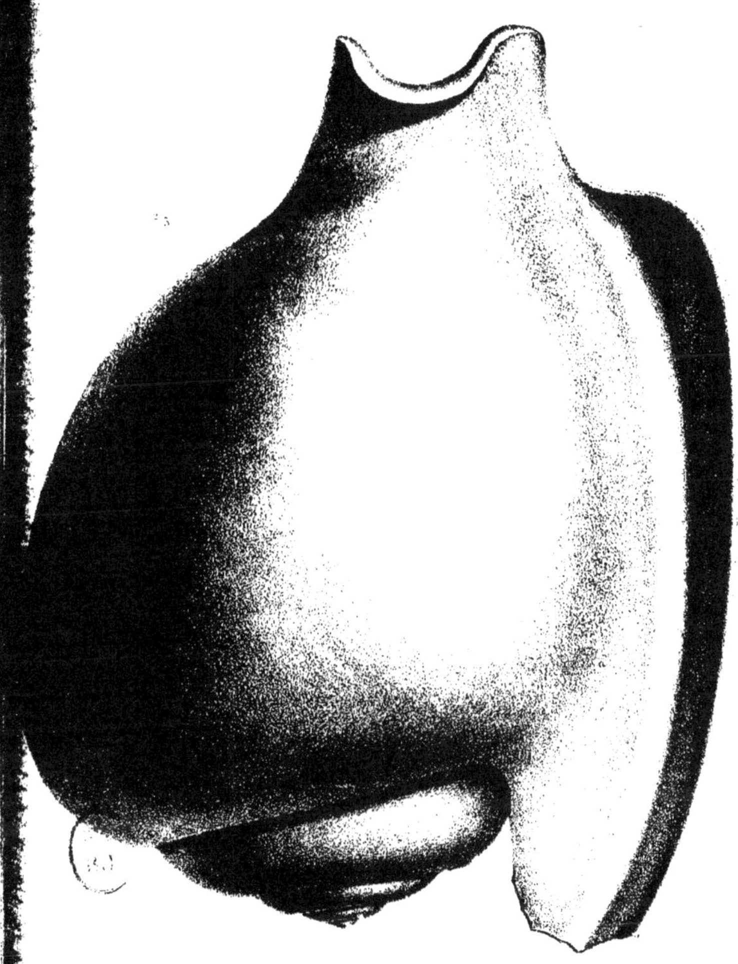

J. Delarue del.

Pterocera inornata, d'Orb. Cc.

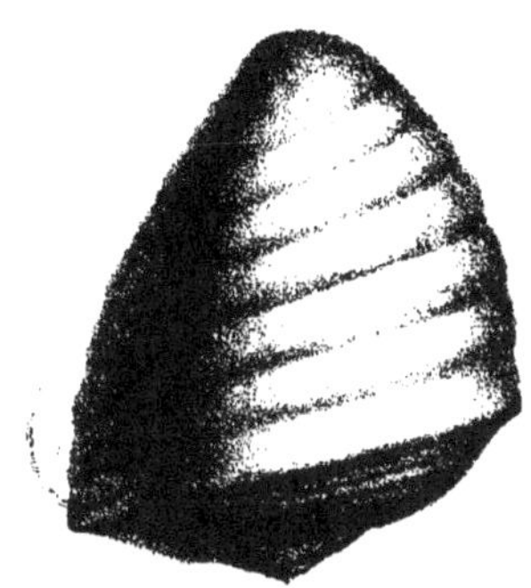

J. Delarue del.

Imp. Lemercier Bénard et C.

Pterocera incerta, d'Orb. C.C.

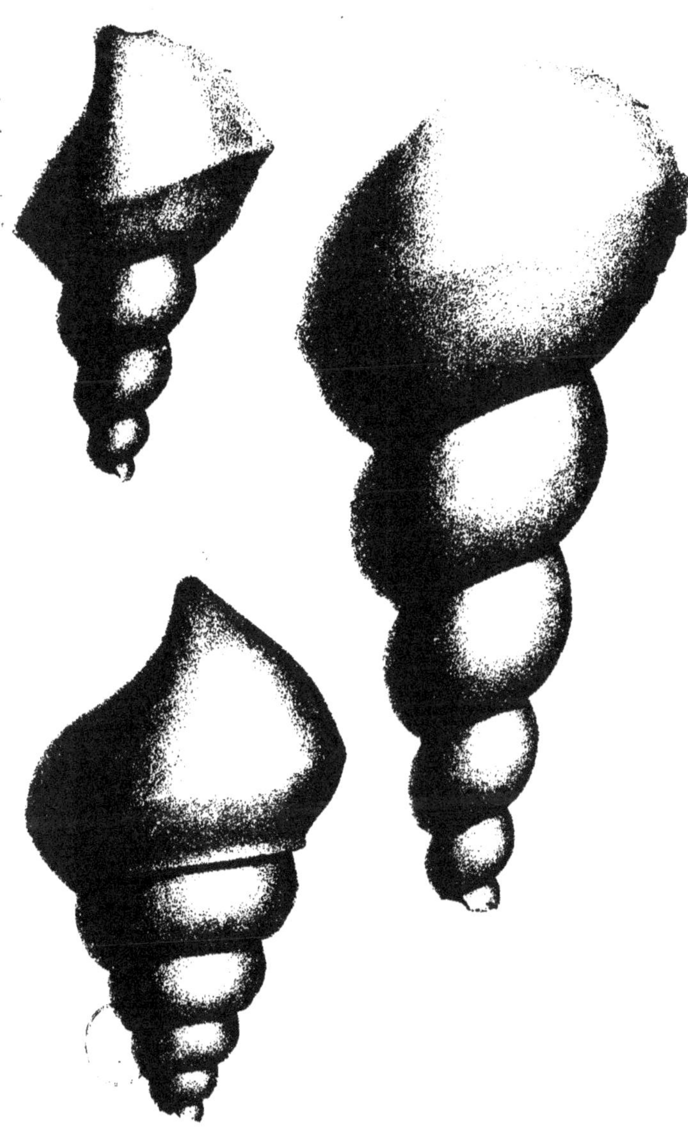

[illegible] del.

1. 2. *Pterocera Emerici* d'Orb. N.

3. 4. — [illegible]

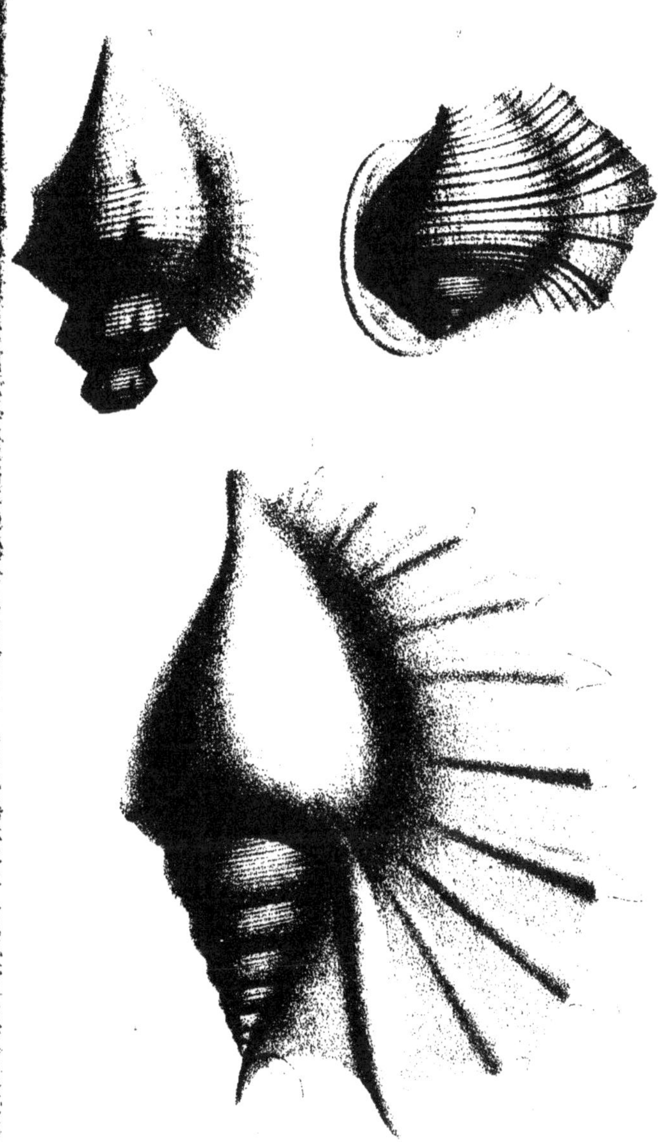

J. Delarue del.

1. *Pterocera polycera* d'Orb. CC.
2. *P. marginata* d'Orb. CC.
3. *Strombus Dupinianus* d'Orb. C.

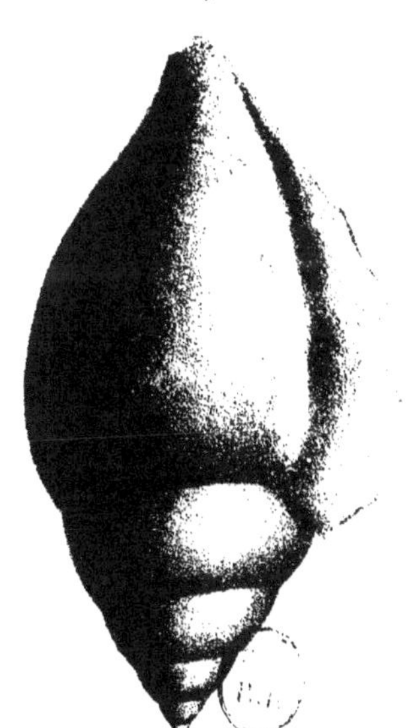

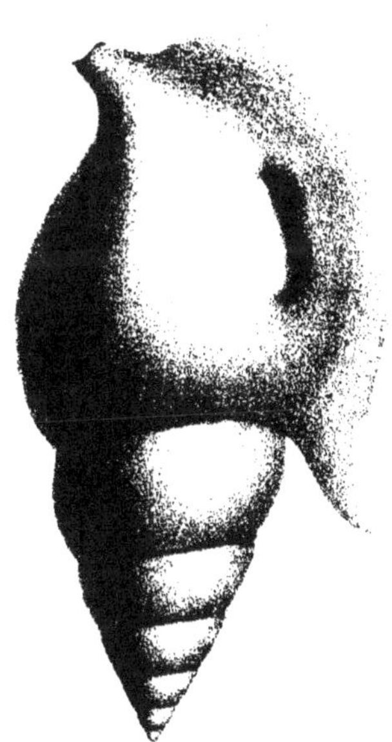

J. Delarue del.

1. *Pterocera inflata d'Orb.* ...
2. *Pterodonta elongata d'Orb.* ...
3. *P. ovata d'Orb.* ...

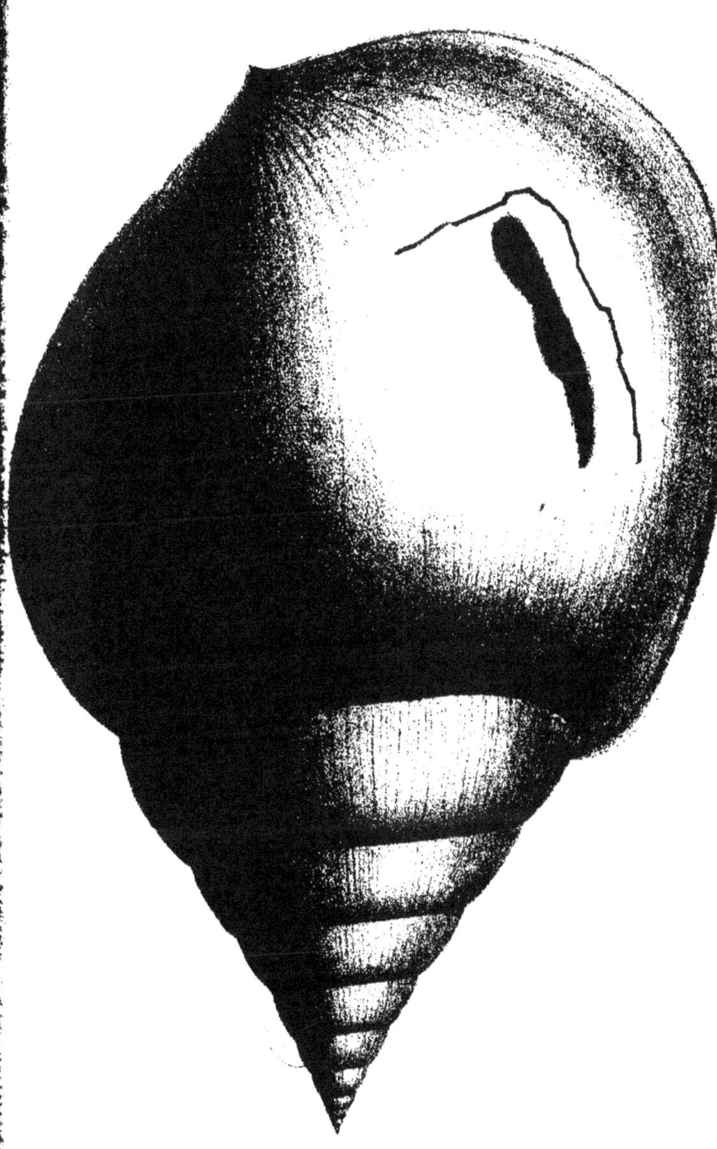

J. Delarue del.

Pterodonta inflata d'Orb.

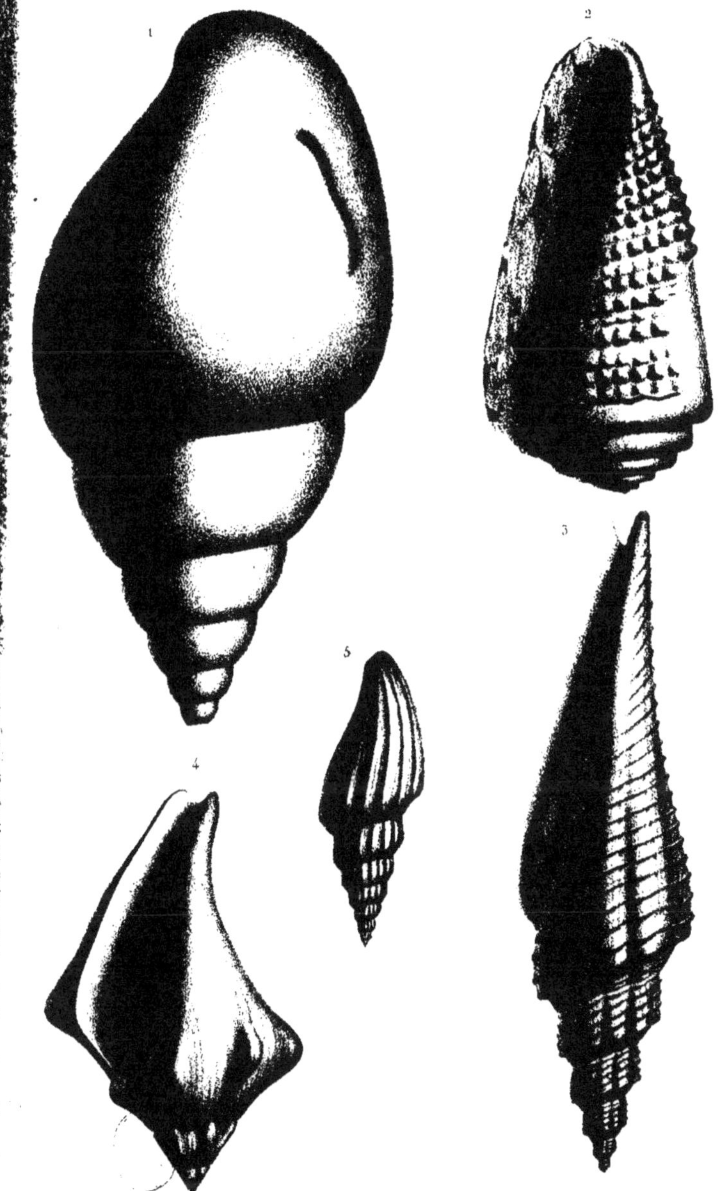

J. Delarue lith. Imp. Lemercier, Bénard et C.

1. Pterodonta intermedia, d'Orb. C.C.
2. Conus tuberculatus Dujardin. C.C.
3. Voluta elongata, Sowerby C.C.
4. Voluta Requieniana d'Orb. C.C.
5. V.—— Gasparini, d'Orb. C.C.

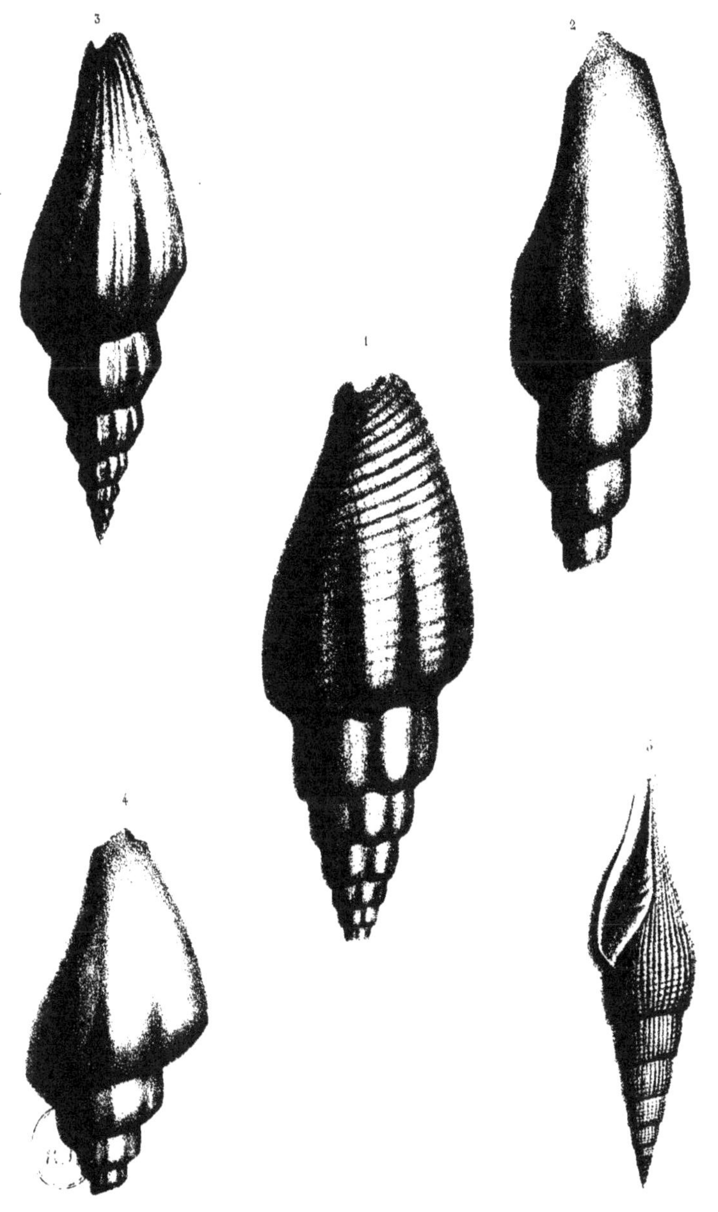

J. Delarue lith. Imp. Lemercier Bénard et Cie

1. 2. Volata Guerangeri d'Orb. C.C. | 4. Voluta Lahayesi d'Orb. C.C.
3. V. —— Renauxiana. d'Orb. C.C. | 5. Mitra cancellata Sowerby C.C.

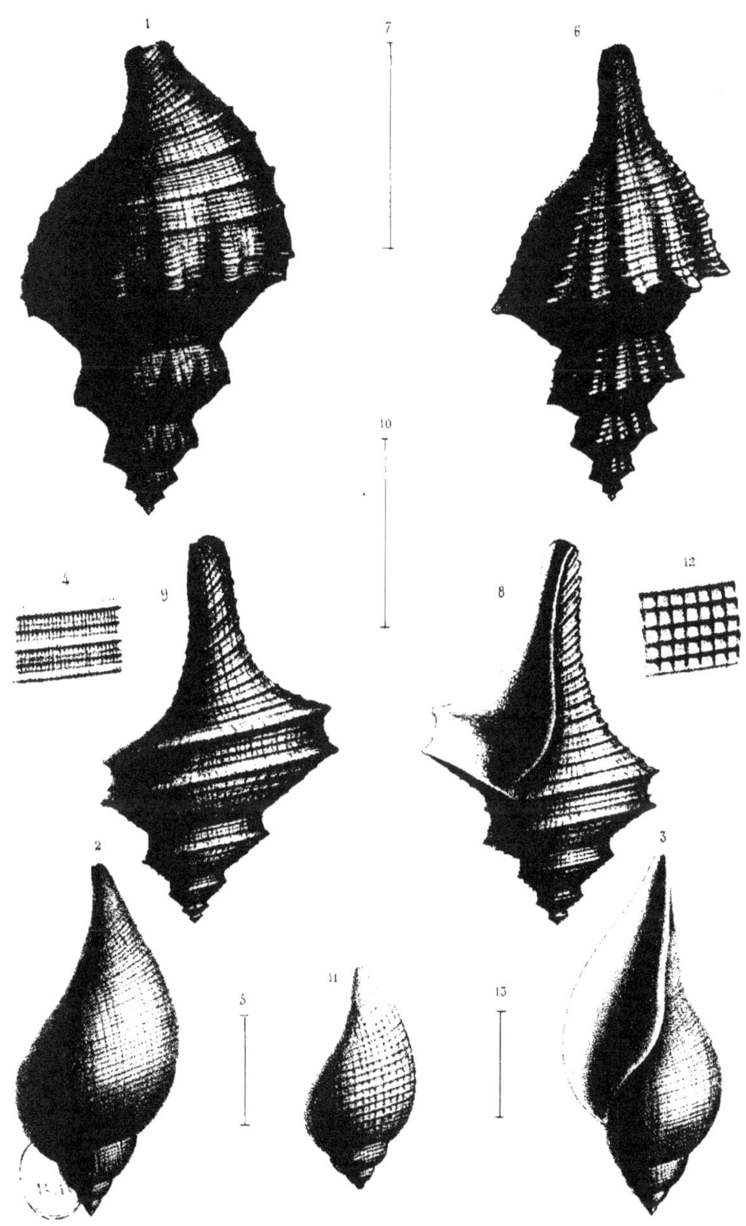

Delarue lith. Im. Lemercier Benard et C.

1. Fusus neocomiensis, d'Orb. N.
2.5. F._ infracretacens, d'Orb. N.
6.7. F._ Dupinianus, d'Orb. G.
8.10. Fusus albensis, d'Orb. G.
11.13. F. ornatus, d'Orb.

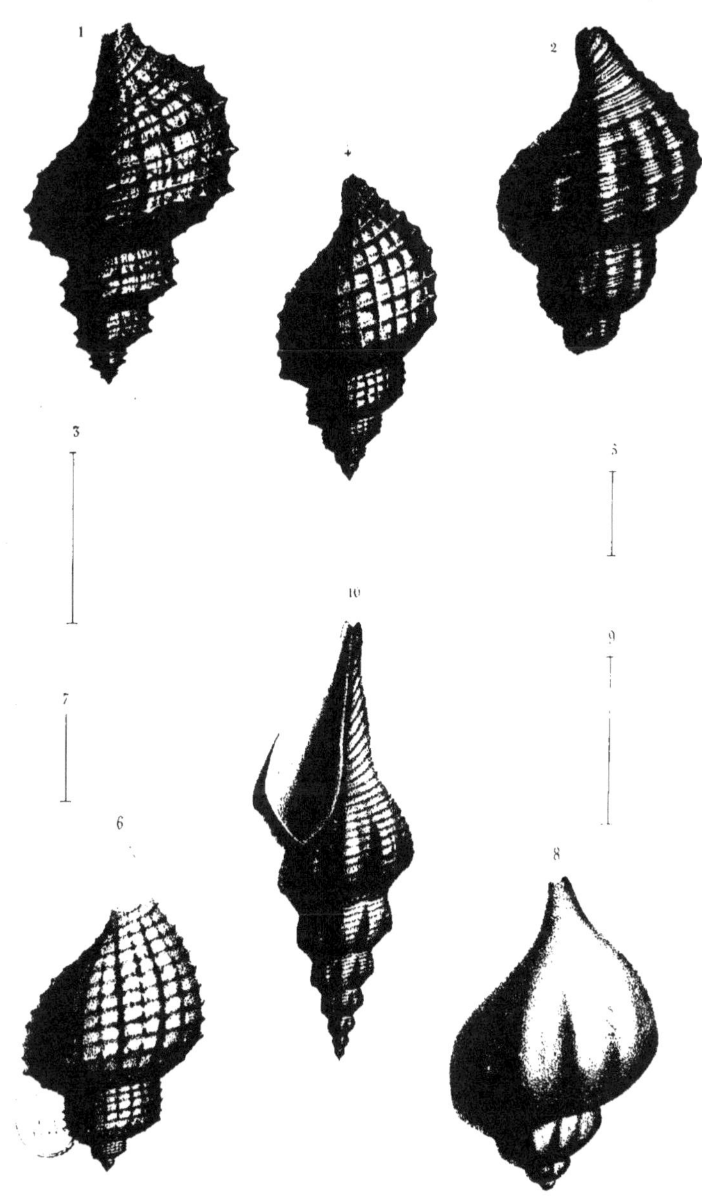

J. Delarue lith.

1. *Fusus rusticus*. Fitton. G.
2. 3. *F. — Itierianus*. d'Orb.
4. 5. *F. — elegans*. d'Orb.

6. 7. *Fusus Vibrayeanus*. d'Orb. G.
8. 9. *F. — Clementinus*. d'Orb. G.
10. *F. — Renauxianus*. d'Orb. C.C.

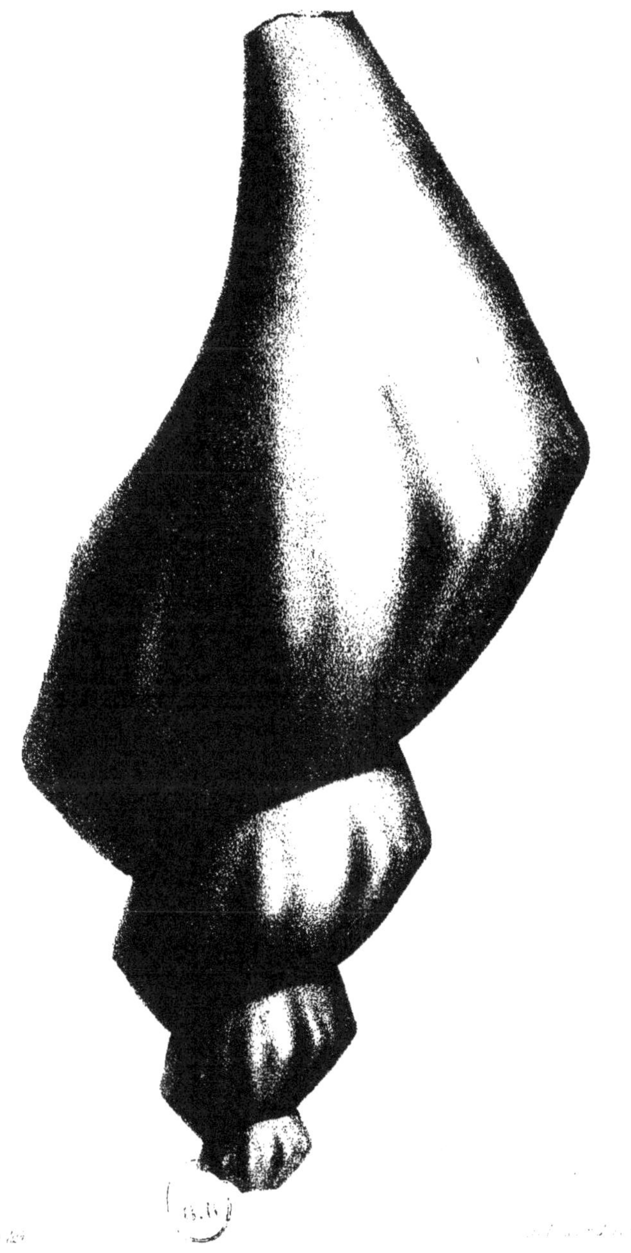

Fusus Espaillaci, d'Orb.

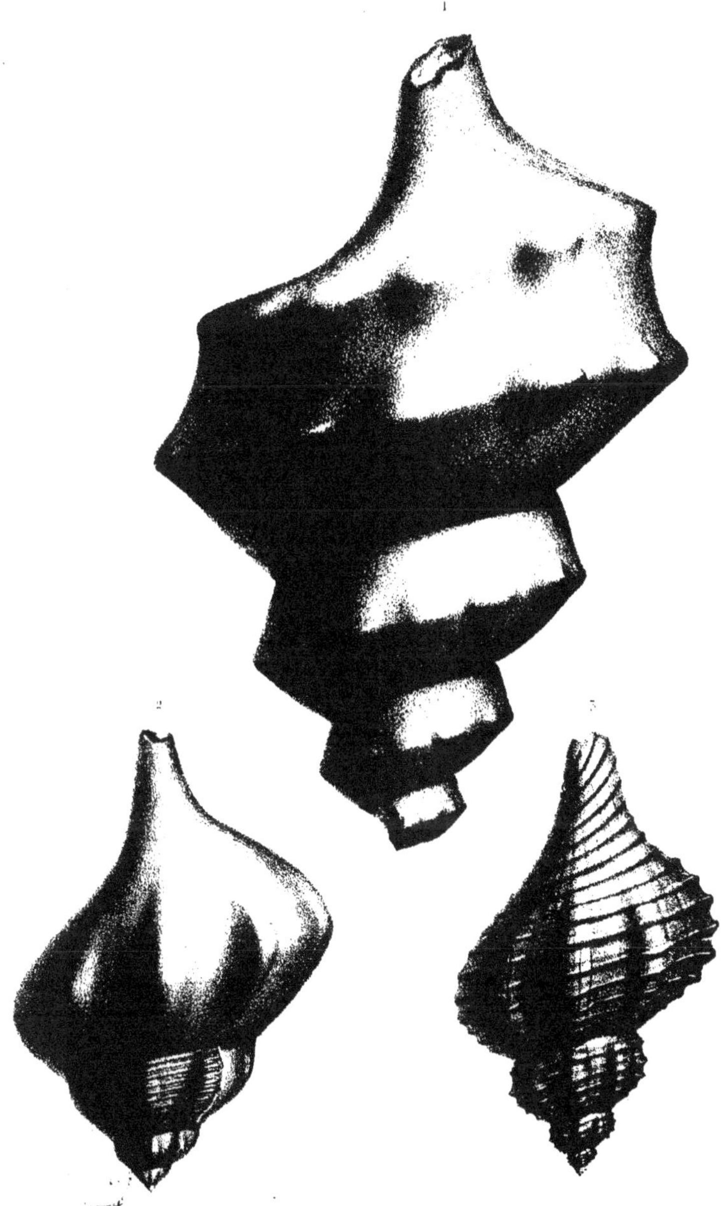

1. *Fusus turritellatus* d'Orb. C.C.
2. *F.* —— *Marrotianus* d'Orb. C.C.
3. *F.* —— *Requienianus* d'Orb. C.C.

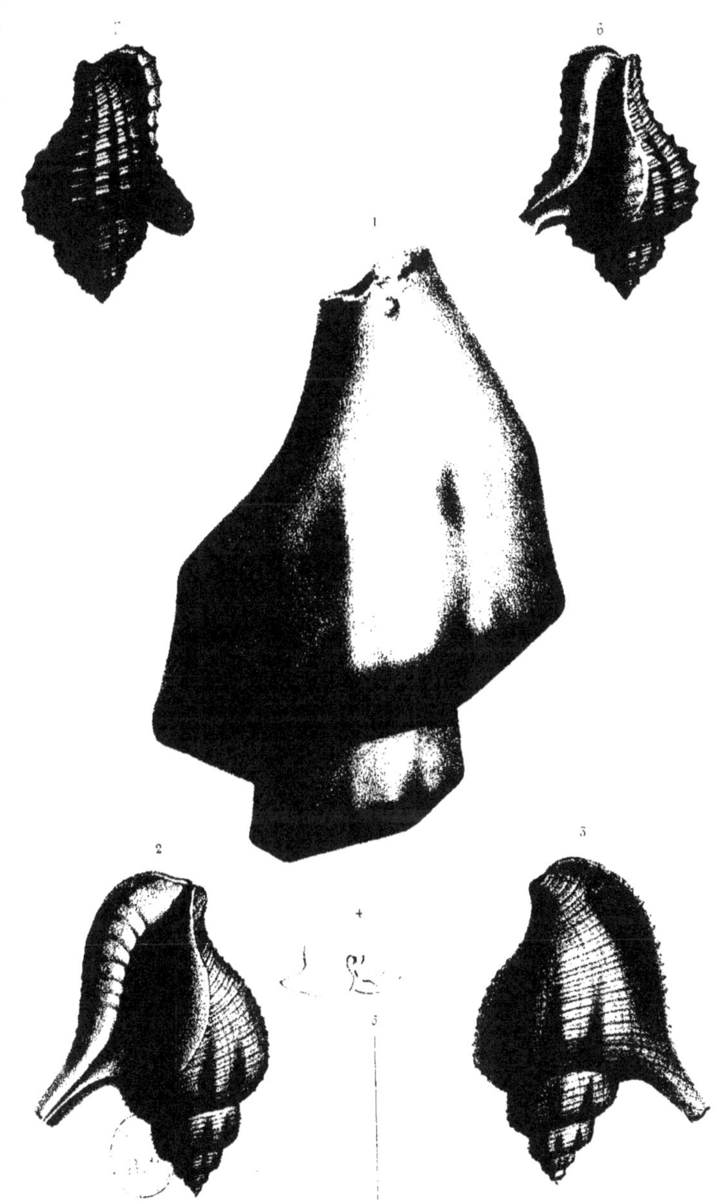

1. *Fusus Fleuriausus, d'Orb. CC.*
2.5. *Colombellina monodactylus d'Orb. N.*
6.7. *C. ——— ornata, d'Orb. CC.*

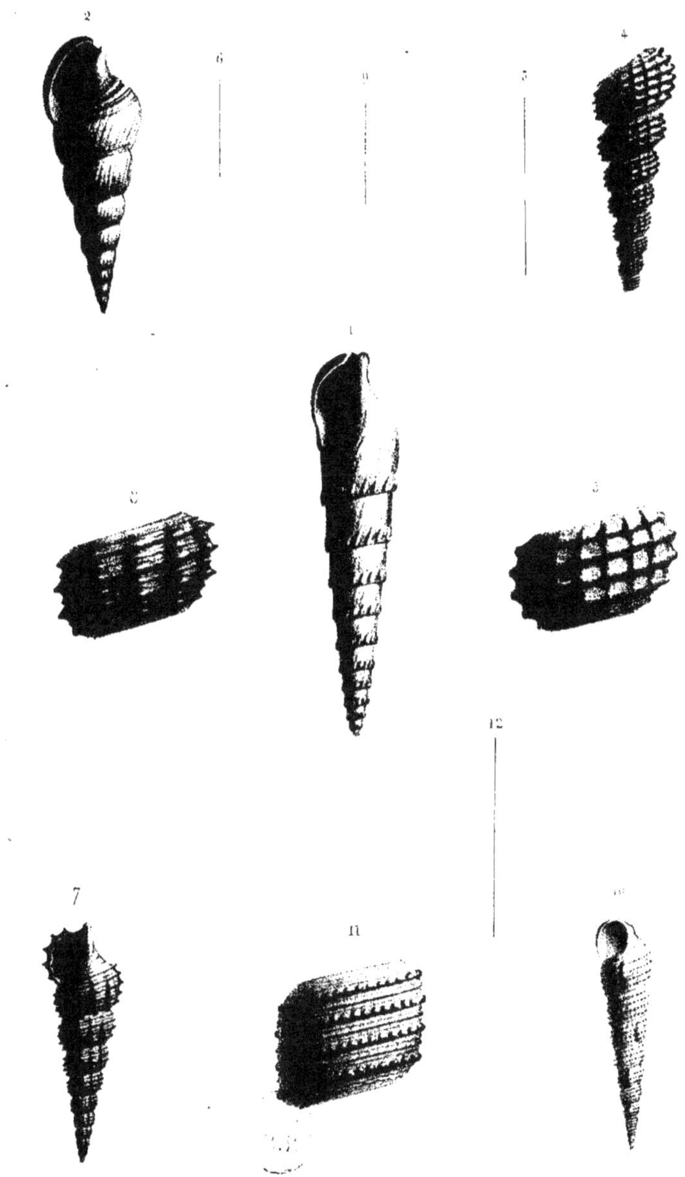

J. Delarue lith.

1. *Cerithium terebroides, d'Orb. N.*
2.3. *C. ____ marollinum d'Orb. N.*
4.6. *C. ____ Dupinianum d'Orb. N.*

7.9. *Cerithium albensis, d'Orb. N.*
10.12. *C. ____ Philipsii, Leymerie N.*

J. Delarue lith.

1.2. Cerithium Clementinum, d'Orb. N.
4.6. C. ——— Gaudryi, d'Orb. N.
7.10. C. ——— nassoïdes, d'Orb. N.
11.13. C. ——— Cornuelianum, d'Orb. A.

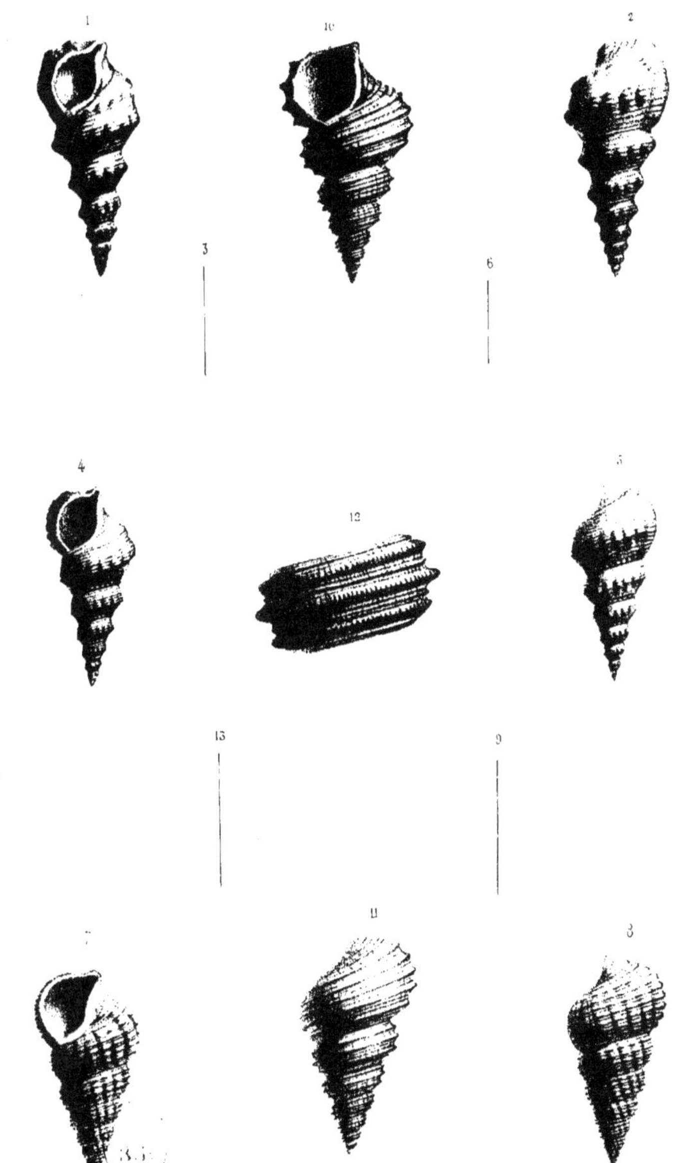

J. Delarue lith. Imp. Lemercier Bénard et C.

1.3 Cerithium aptience, d'Orb. A.
4.6 C. ——— subspinosum, Desh. G.
7.9. C. ——— Lallierianum, d'Orb. G.
10.13 C. ——— Vibrayeanum, d'Orb. G.

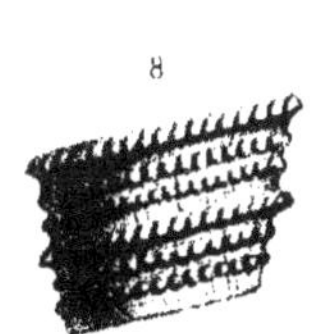
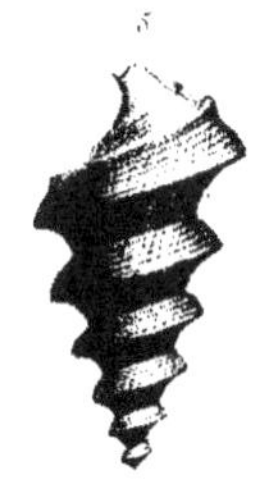

J. Delarue lith. Imp. Lemercier Bouard

1.3 *Cerithium Erbynum*, d'Orb. G.
4.6 C. ——— *lectum*. d'Orb. G.
7.9 C. ——— *trimonile*, Michel. G.
10.11 C. ——— *ornatissimum*. Desh. G.
12. C. ——— *excavatum*, d'Orb. G.

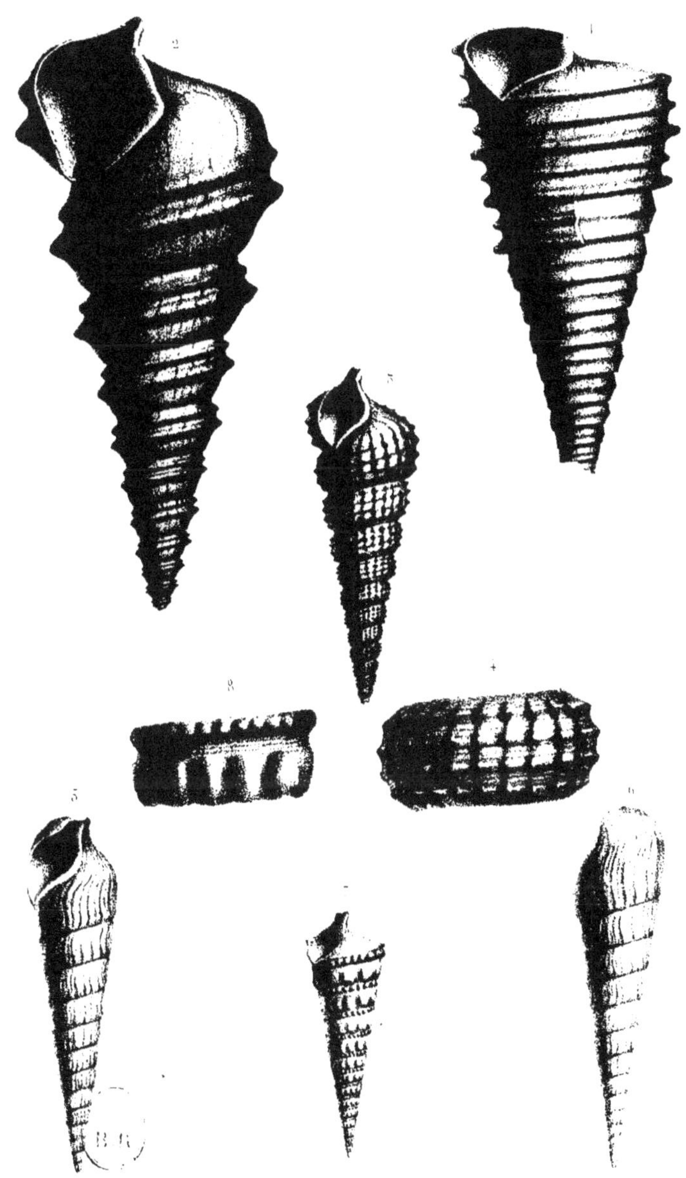

Delarue del.

1. *Cerithium alaxense, d'Orb. C.C.*
2. *C. ——— Renauxianum, d'Orb. C.C.*
3. 4. *C. ——— peregrinorsum, d'Orb. C.C.*
5. 6. *C. ——— Guerangeri, d'Orb. C.C.*
7. 8. *C. ——— gallicum, d'Orb. C.C.*

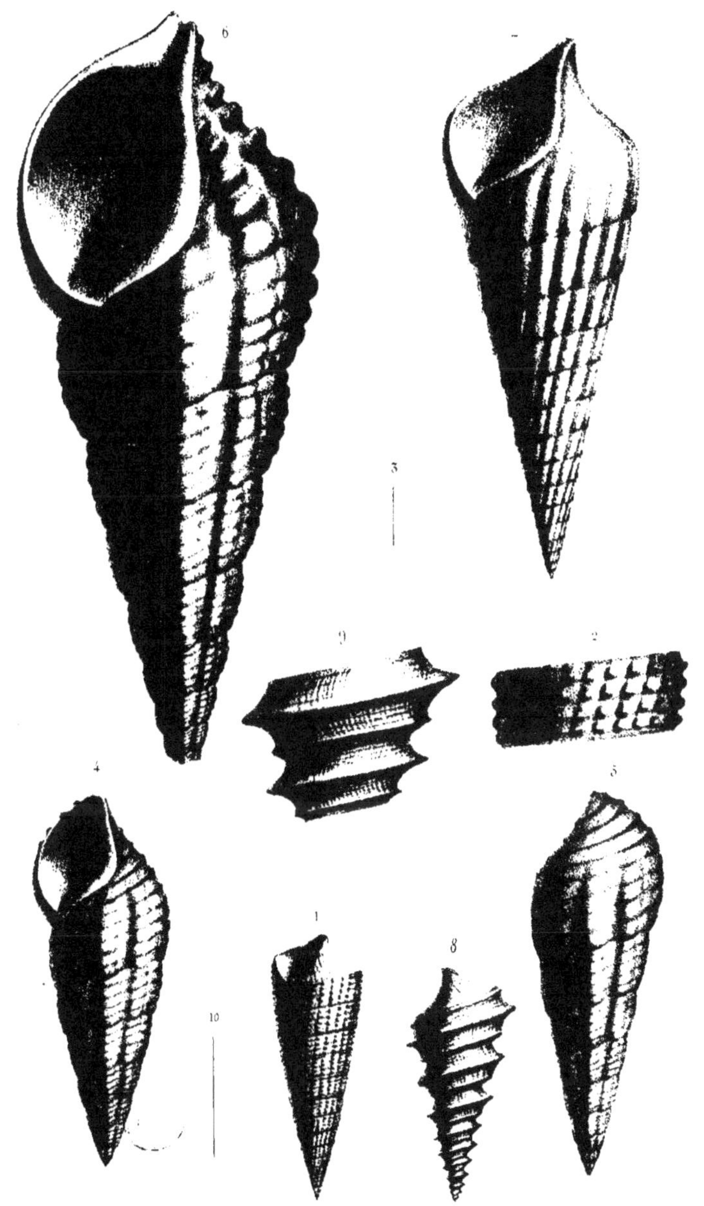

J. Delarue lith. Imp. Lemercier.

1.3. *Cerithium limæforme, d'Orb. C.C.*
4.5. *C. ——— Requienianum, d'Orb. C.C.*
6. *C. ——— Prosperianum, d'Orb. C.C.*
7. *C. ——— Matheronii, d'Orb. C.C.*
8.10. *C. ——— neocomiensis, d'Orb. N.*

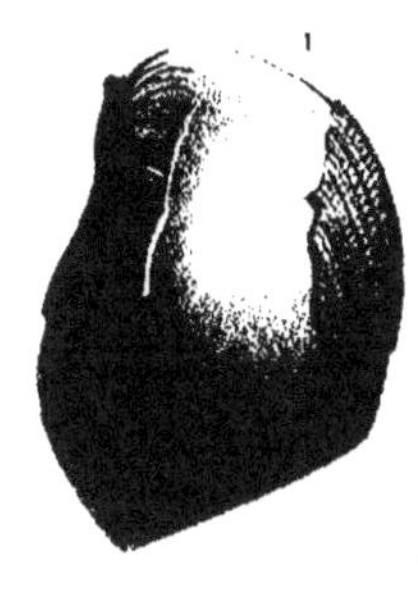

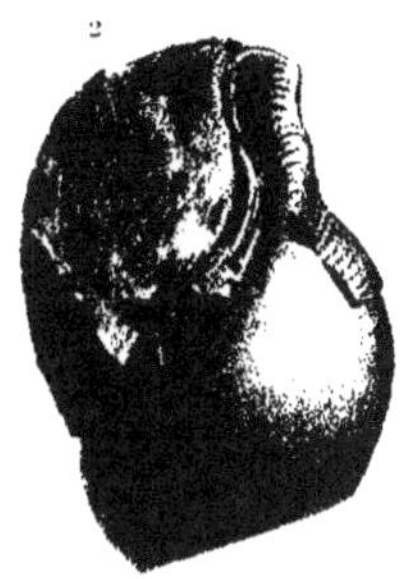

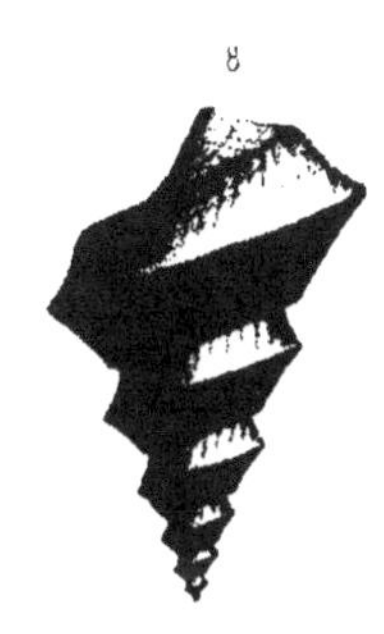

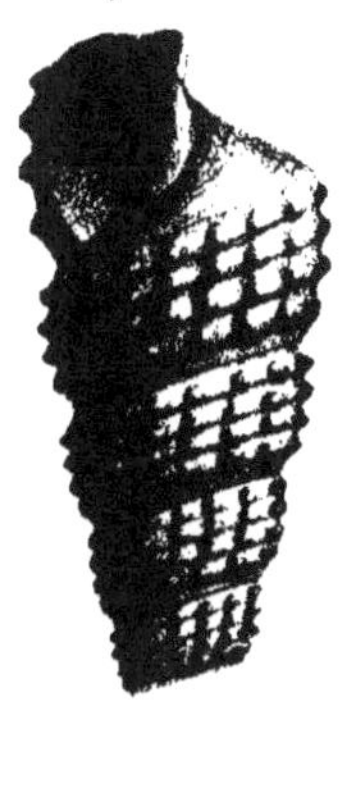

J. Delarue lith. Imp. Lemercier

1. 2. *Buccinum gaultinum, d'Orb. G.*
3. *Cerithium provinciale, d'Orb. C.C.*
4. *C. —— pustulosum, Sow. C.C.*

5. 7. *Vermetus Royanus, d'Orb. A.*
8. 9. *V. —— albensis, d'Orb. A.*

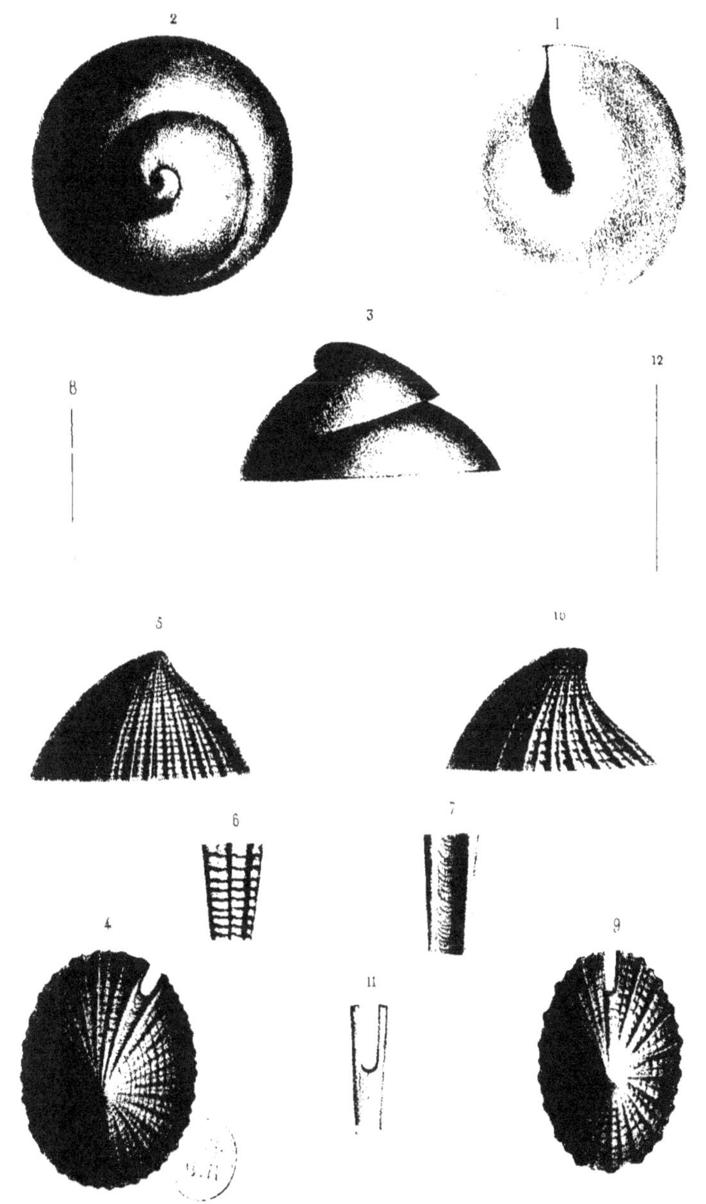

J. Delarue lith. Imp. Lemercier

1.3 Calypeopsis cretacea d'Orb. C.C.
4.8 Emarginula neocomiensis, d'Orb. N.
9.12 E. ——— Guerangeri, d'Orb. C.C.

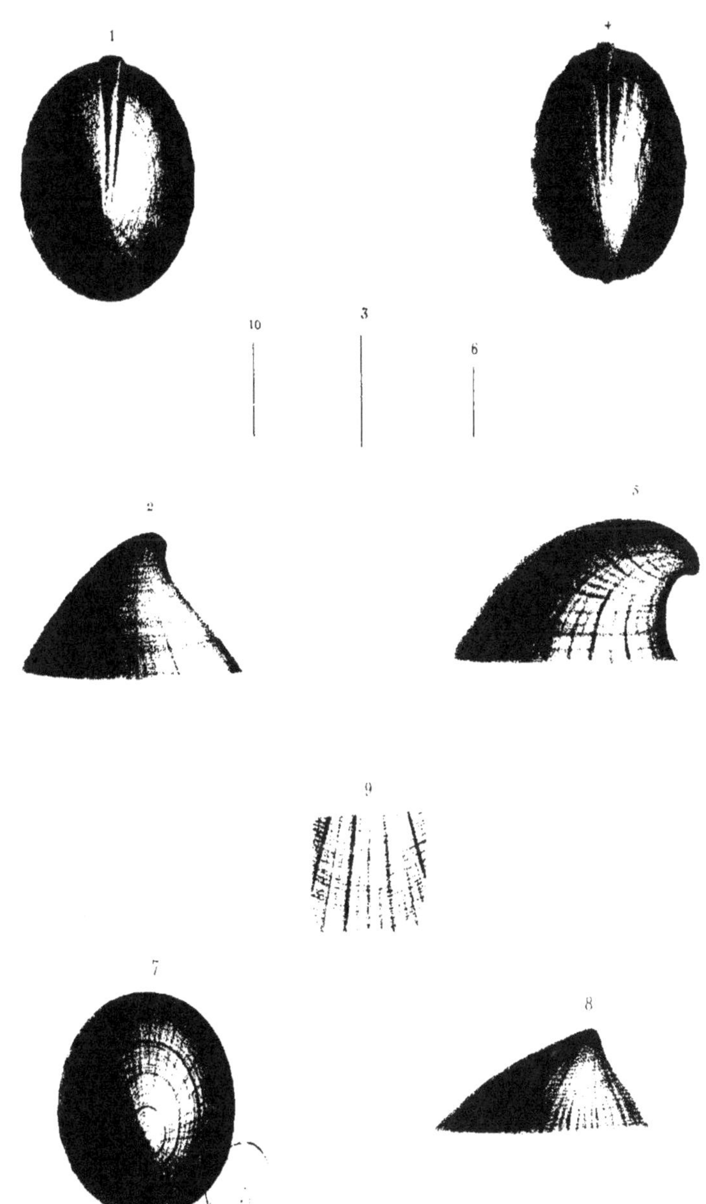

J. Delarue lith.

1.3. *Emarginula pelagica, Passy. C.C.*
4.6. *E. ——— sanctæ-catherinæ, Passy. C.C.*
7.10. *Acmæa tenuicosta, d'Orb. G.*

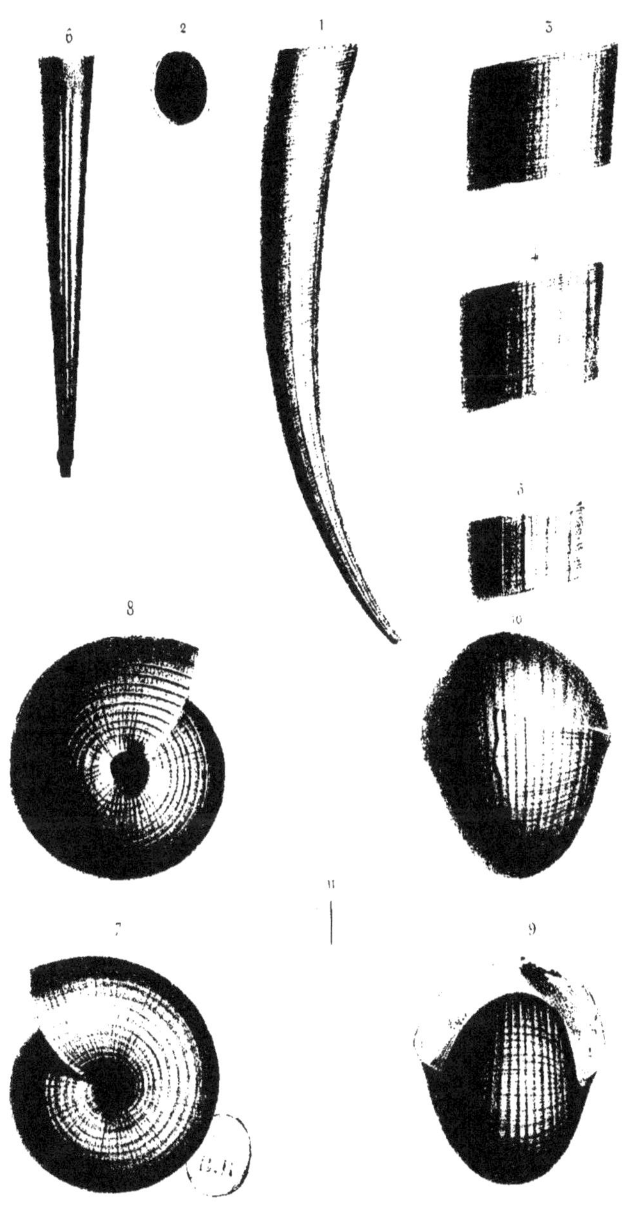

J. Delarue lith. Imp. Lemercier

1.6. *Dentalum decussatum, Sow. G.*
7.12. *Bellerophina Vibrayei, d'Orb. G.*

www.ingramcontent.com/pod-product-compliance
Lightning Source LLC
LaVergne TN
LVHW020606230826
846091LV00002B/625

* 9 7 8 2 3 2 9 6 0 3 0 3 2 *